リレー講義
ポスト3.11を考える

山本史華・杉本裕代 ● 編

萌書房

はじめに

　東日本大震災と福島第一原発事故から，早くも4年が経ちました。

　4年の歳月は，冷静に考えることを少しだけ可能にさせます。震災と原発事故の直後は，メディアで何度も繰り返される凄惨な光景に圧倒されてしまい，言葉を失った人も多かったことでしょう。しかし，あの日，3.11から4年の歳月が流れ，ようやく私たちは，それらの出来事から幾ばくかの距離を取りながら，感情に流されずに受け止められるようになってきました。やっと，ポスト3.11の社会のあり方を見定められる時期がやってきたのだと思います。

　東京都市大学では，教養教育と基礎教育を担う共通教育部が中心となって，2012年度に「ポスト3.11を考えるゼミナール」が開講されました。3.11について，いったい何が起きたのか，なぜあのようなことになってしまったのか，これからの日本はどうなってしまうのか，そして私たちは何をすべきなのか，はっきりとした答えが見つからないもどかしさを抱えながら，それでも真剣にこの問題に向き合い，誰かと語り合いたいと願った教員と学生たちが，ゼミにたくさん集まりました。初年度初回のオリエンテーションでは，立ち見が出るほどの学生が集まり，何かが生み出されそうな熱気が，小さな教室に溢れていたことを思い出します。

　そのゼミ開講から3年間，立場や所属，専門領域を越えて，私たちは討論を繰り返してきました。たいていの場合は，教員が自らの専門と絡めて問題提起をし，それを参加者全員で考えていくのですが，学生の方が議論を引っ張ることも多々ありました。彼らの中には，教室での頭でっかちな議論だけでは物足りず，ボランティア団体を立ち上げ，被災地に向かった者もいました。

　本書は，そのエッセンスを収録したものです。ポスト3.11について交わした私たちの議論を大学の教室内に閉じ込めておくのではなく，いまこそ広く社会へと開いていき，多くの人と問題意識を分かち合いたい，そして，ゼミとはまた違った形で，議論が展開されていってほしい，という願いのもとに編集されました。

ポスト3.11に関する専門家はいません。「ポスト3.11学」という学問はありませんし，当然ながらそのような学会も存在しません。誰もがこのことに関しては素人であり，徒手で立ち向かっていくしかないのです。どこかの専門家が正解を知っているわけではありませんし，年の功や知識量にモノを言わせて相手を説き伏せることは，ポスト3.11を考える態度としてはふさわしくありません。一から自分の眼で見て，一から自分の頭で考えていかなければならない，それが「ポスト3.11を考える」にあたって最も肝要なことなのです。このことを私たちは，数年かけてゼミで学んだように感じます。

　「考える」ということは，口で言うほど易しいことではありません。ややもすれば，独断に陥りかねないからです。ならば，ポスト3.11にふさわしい仕方で考えるには，どうすればよいのでしょう。もちろん，このことにもただ1つの正解があるわけではないのですが，私たちは，次のようなことを意識しながらポスト3.11について考えてみました。

　第1に，互いの立場に違いがあることを十分に認めた上で，各自が専門領域から一歩踏み出した言葉で語ることです。そして第2に，近接分野と連携しながら，知と知をつなぐ言葉を作り上げていくことです。

　ですから，実を言うと，本書は，それぞれの専門家がそれぞれの専門のことを語った内容にはなっていません。各自の専門とは少しズレた問題，普段は正面切って問題にしなかったことを敢えて語っています。また，各講で語られた内容をつなぎ合わせる視点こそが，ポスト3.11には必要なことを示すために，リレー形式にしてみました。

　このような「知の絆」「学問の絆」を構築しようとする動きが，3.11のあと，起きてきたでしょうか。残念ながら，多くの専門家は，まるで3.11などなかったかのように自分の専門領域に舞い戻り，「専門外のことには口を出さない」という貼り紙のある扉を堅く閉じてしまっているように思われます。そのような専門家に，「原子力村」を笑う資格はないでしょう。プレ3.11では当たり前だった，そういったタコつぼ型の知を変える動きをいま始めなければ，結局，またいつか大災害が起きた時に，同じようなことが繰り返されるだけです。

　ポスト3.11とプレ3.11の社会が同じであっていいはずがありません。あれだけの災害が起きたのですから，プレ3.11の社会が抱えていた負の問題は真摯に

反省し，変えていくべきところは積極的に変えるべきです。しかし，だからと言って，事を急ぎ，性急に何もかもを変えればいいというものでもないように思います。急激で根本的な変化は，一時的には成功を収めたように見えますが，物事の改革を中途半端なまま投げ出す，責任放棄を生み出しかねません。

　いま求められているのは，「変えるべきもの」と「変えるべきではないもの」のバランスを取りながら，新たな知の枠組みを描くことでしょう。このような地道な作業が，ポスト3.11ならではの公共性をつくることにつながり，それがあって初めて，3.11はずっと後の世代から「あれが日本の転機だったね」と言われるようになるのだと思います。

　本書がポスト3.11の知の枠組みを示す，ささやかな一例となり，これが契機となって様々な領域で絆が作られていくことを執筆者たちは望んでいます。

　また読者には，読む前に，一度，自分の考えや先入観を捨ててから読んでもらいたいと思っています。考え方が自分と同じ人を見つけるために読書をしていたのでは，公共性はいつまでたっても作れません。異なる考えに耳を傾け，その考えの持ち主とどのような点で折り合えそうかを想像するところから，公共性づくりは始まるのです。

　そして，そのような想像の後に，自分の態度が以前より少しでも開かれたと感じるならば，本書はひとまず，その役割を果たしたと言えるでしょう。

　　2015年　萌芽のみぎり，新たな息吹を感じながら

山 本 史 華

目　　次

はじめに

第1講　私たちは，震災の記憶を
　　　　どのように伝えていくのか？ ……………………………岡山理香…… 3
　　　　──被災地での体験とともに──

　1　はじめに　　3

　2　被災地へ──平成23 (2011) 年11月6日　　4

　3　「みんなの家」　　6

　4　女川浜　　9

　5　女川町仮設住宅　　11

　6　東京都世田谷区──平成23 (2011) 年3月11日　　14

　7　震災遺構の保存について　　18

　8　おわりに　　20

第2講　スポーツの力 …………………………………………椿原徹也…… 23

　1　震災後のスポーツ　　23

　2　スポーツの力　　29

　3　2020年東京オリンピック　　35

第3講　長年放射線教育活動と放射能測定をしてきた人間が，
　　　　その時何を思い，どう行動したか………………岡田往子…… 39

　1　はじめに　　39

v

2 　敗戦は何を感じさせたか　　40

3 　昭和29年北海道に生まれて育った人間が感じた原子力　　40

4 　原子力関係に携わって──女性と原子力研究　　42

5 　福島第一原子力発電所事故後の活動　　45

6 　本当に考えなければならないこと　　55

第4講　　こころのケアとソーシャル・サポート　…………千田茂博……61

1 　はじめに　　61

2 　災害時のこころのケア　　61

3 　こころのケアとしてのソーシャル・サポートの重要性　　67

4 　都会でも機能するソーシャル・サポート・ネットワークの構築　　70

第5講　　「我慢」の精神とポスト3.11　………………………杉本裕代……75

1 　「我慢」という日常　　75

2 　我慢の限界──日常は「理性的」な態度なのか？　　83

3 　「我慢」を民主化する　　88

第6講　　シビルエンジニアが市民のための
　　　　　技術者であるために　……………………………………皆川　勝……93

1 　市民の安心と我慢　　93

2 　土木技術者と日本近代　　96

3 　土木技術者と総合性　　98

4 　市民は土木技術者をどう見てきたか　　102

5 　社会の安全と土木技術者　　104

6 　おわりに　　110

第7講　79年「8.24」ポンペイ消滅 ·························新保良明······115
――復興されなかった被災都市――

1　はじめに　115

2　タイムカプセルとしてのポンペイ　118

3　62年の地震と復興　122

4　79年8月24日　125

5　記憶の風化　130

6　ポスト「8.24」とポスト「3.11」――震災復興に向けて　132

第8講　2つのゴジラ映画に見る記憶の再現と操作······寺澤由紀子······135

1　はじめに　135

2　『ゴジラ』を紐解く　137

3　『怪獣王ゴジラ』を考える　145

4　3.11と2つのゴジラ映画　150

第9講　低線量被曝と高レベル放射性廃棄物の倫理······山本史華······159

1　はじめに　159

2　災害と社会　160

3　科学的合理性と社会的合理性　165

4　低線量被曝の倫理――希釈された危険性をどう扱えばよいのか　169

5　高レベル放射性廃棄物の倫理　一人は何年先の夢まで見ることが許されるのか　176

6　おわりに　183

＊

読書案内　185

おわりに　　193

コラム

東京都市大研究用原子炉 (武蔵工大炉) の歴史と原子力人材育成 ………松本哲男…… 57

原発行政史──唯一の被爆国がなぜ原発立国になったのか？ ……………新保良明……112

東京都市大生が見た被災地………………………………………………大谷広樹……156
　──学生でもできること，つながりとは？──

リレー講義 ポスト3.11を考える

第1講

私たちは，震災の記憶をどのように伝えていくのか？
―― 被災地での体験とともに ――

岡山　理香

1　はじめに

　東日本大震災によって被災した地域は，いまだ復興途上にあります。しかしながら，月日とともに関心が薄れ，当時の記憶も曖昧になりつつあります。20世紀以降，日本は多くの震災を経験してきました。特に被害の大きかったのは，関東大震災，阪神淡路大震災，そして東日本大震災。おそらく私たちは何らかの形で次の震災を経験することになるでしょう。その時に，過去の経験，記憶は，役に立つのではないでしょうか。ここでは，そうした震災の記憶をどのように記録し，後世に伝えていけばよいのかを考えてみたいと思います。

　そのような記録の1つの方法として「災害遺構」の保存があります。最も分かりやすい例として，広島の原爆ドームを挙げることが出来ます。爆風によって破壊され，朽ち果てる寸前の建物は，見る者に原爆の恐ろしさを無言のうちに伝えます。どれだけ言葉を尽くそうともあの姿には及ばないでしょう。このように災害によって変形してしまった構築物を「災害遺構」と呼びます。戦争の現場・惨状を知らない世代がほとんどなってきた昨今，記憶の伝承はますます意味を持ちます。「災害遺構」もそのために大きな役割を果たしています。災害遺構には，戦争によるものも含まれますので，ここでは震災による災害遺構である「震災遺構」について考えてみたいと思います。

　震災の年に被災地に入りました。まず衝撃を受けたのは，破壊された建物群

でした。おびただしい瓦礫の中に，幾つか建物が残っています。それらをどうするのか。ほとんどはもう使えないので撤去することになりましたが，震災遺構として残すべきなのではないか，という意見が出てきました。私も建築史を専門とする立場から震災の記憶を留めるためには，それを当然だと受けとめました。しかしながら，この問題は，そう単純なものではないことが現地を見ることによって分かりました。現場には，言葉や想像を絶するものがありました。それも皆さんにお伝えしたいと思います。

2　被災地へ——平成23（2011）年11月6日

　写真1は，平成23（2011）年11月7日月曜日の『日本経済新聞』の第1面に載ったものです。キャプションには「笑顔　完成した3階建て仮設住宅に荷物を運び入れる人たち」とあります。武蔵工業大学（現東京都市大学）の卒業生である遠藤さんと小塩さん，そして私が写っています。8日の朝に遠藤さんがメールでこのことを教えてくれました。そう言えば，当日，色んな新聞社のカメラマンがいたなあと思い出しました。当日というのは，平成23（2011）年11月6日の日曜日，ここには，写っていませんが，もう1人の卒業生陣内君と4人で宮城県女川町に出来た仮設住宅を見学に行った日のことです。

　全国初の3階建ての仮設住宅として完成し，この日にちょうど入居が始まっていました。被災者の皆さんが8カ月近くに及ぶ避難生活からやっと解放され，引っ越しをしていました。たまたま居合わせた私たちが荷物を運んでいるところを写真に撮られました。まるで入居する被災者のように見えます。でも，おそらく，この笑顔は当事者ではないゆえのものだとカメラマンも気づいていたと思います。仮設住宅は，あくまでも仮の住まい。仮設住宅にいられるのは，基本的に3年まで。その後の生活がどうなるのかまだ誰にも分からない状況でした。

　東日本大震災から半年ほど経った頃，被災地へ行きませんか，とこの卒業生3人が誘ってくれました。気仙沼で被災した高橋工業（7ページ参照）に支援物資を届けるとのこと。復興支援のボランティアに行くわけではないので，少しだけためらいましたが，とにかく行ってみることにしました。旅行会社の被災地

応援企画で、往復の新幹線代だけでホテル1泊がついたプランを利用しました。被災地に行くならボランティアで、と思ってしまいがちですが、自分の目で確かに見ることだけでも、せめて、そこに住む人々の気持ちに寄り添うことができるのではないかと思います。

私たちは、11月5日の夜に新幹線やまびこで東京を出発し、仙台で1泊、翌朝に車で、女川町、南三陸町、気仙沼市へ向かうことにしました。やまびこは、途中、追い越し車両のため福島駅に数分間停車しました。とても静かでした。夜だったからでしょうが、あまりのひとけのなさに複雑な思いがしました。そして、かすかに緊張しました、原発事故のために。東日本大震災は、地震とその後の津波、さらに原子力発電所の事故によって、これまでで最も複合的な被害を受けました。地震から連鎖的に起こる2次災害の方がより被害を拡大します。関東大震災の際も発生時がお昼時であっため、台所で消し忘れた火などによって火災が起こり、より多くのものが失われました。また、流言飛語によって罪なき人々が殺されたりしました。こうしたことは、地震という天災から派生した人災であると言えましょう。

福島の原発事故もまた人災です。原子力発電所という人工的なものがなければ、原発事故は起こりえなかったのですから。平成13（2001）年にアメリカで起こった同時多発テロを「9.11」と呼びます。「3.11」という呼称も東日本大震災によって引き起こされた福島の原発事故を意味する呼称だと私は思っています。また、「9.11」はアメリカでは 'September 11' と発音されることもありますが、「3.11」は、日本語では数字のまま発音されますので、「2.26事件」や「5.15事件」を想起します。あまり使いたくない呼称というのが本音です。

写真1　平成23（2011）年11月7日
『日本経済新聞』第1面

仙台駅では，私の大学からの友人で当時仙台市に住んでいたはるみちゃんに
会いました。彼女は，多くを語ることはありませんでしたが，どれほど大変な
生活だったかを思うと，何も力になれなかったことを後悔しました。でも，会
えて本当によかった。生きていれば，いつか会うことができます。

　はるみちゃんと再会の約束をして，私たち4人は，仙台駅東口にあるホテル
レオパレス仙台に向かいました。平成23 (2011) 年度にグッドデザイン賞を受
賞しているホテルでとても清潔で快適でした。余震を心配しましたが，まだ，
被災の現状を見ていなかったので落ち着いていました。

　翌日の11月6日は，最終目的地の気仙沼に向けて北上する途中に幾つか立ち
寄るところを決めていました。仙台市の仮設住宅団地内にある「みんなの家」，
女川町の3階建ての仮設住宅，南三陸町の防災庁舎，気仙沼市の「気仙沼のほ
ぼ日」，そして高橋工業です。レンタカーを借りて，早朝に出発しました。

3　「みんなの家」

　「みんなの家」は，仙台市宮城野区の福田町南1丁目公園に建てられた仮設
住宅団地内にあります。仙台市内は，それほど大きな被害があったようには見
えませんでしたが，実際には，多くの建物にひびが入ったり，天井が崩落した
りしていました。震災直後は，仙台空港も水没していました。「みんなの家」
は，震災から約7カ月後の平成23 (2011) 年10月に完成しました。震災復興を
支援する建築家5人 (伊東豊雄, 山本理顕, 内藤廣, 隈研吾, 妹島和世) で結成され
た「帰心の会」の活動の1つで，釜石市などにもつくられました。ここは，熊
本アートポリスの支援を受けて実現しました。

　木造平屋建てで切妻の屋根がのっています。早朝でしたので，まだどなたも
いません。20畳ほどの部屋には薪ストーブが置かれ，4畳半の置き畳には手作
りの座布団。伊東さんデザインの照明が幾つか下がっています。窓からのぞい
ていると，おじさんたちが花壇の手入れにやってきました。震災前は，農業を
営んでいたそうです。お願いをして中を見せてもらえることになりました。引
き戸を開けると木の香りがします。設計者代表の伊東さんは，仮設住宅の人々
のための共同のリビングルームとしてこれを設計したのだそうです。炊事がで

復興への決意を目の当たりにして

　震災直後の支援がだいぶ落ち着いてきた頃から，建築設計を生業とするものとして，復興支援への関わり方と今後の建築設計のあり方について考えていました。ちょうどその頃，2011年日本建築学会賞を受賞したすばらしい作品（IRONHOUSE ／椎名英三・梅沢良三）に，気仙沼市の鉄工所（株式会社高橋工業）が関わっていたことを知りました。その作品は鉄板を全溶接継ぎ目なしという高度な技術が必要で高橋工業であったからなしえたものです。

　しかし，津波でその工場は全壊し，機材はすべて失われたが，復興を目指しているとホームページに数行書かれているのを目にしたのです。現場で何が起こったのか確かめたい，そして，技術を持った職人の皆さんに対して，いつの日か復興をとげてもらうために応援したいと思いました。平成23（2011）年11月6日，高橋和志氏のご自宅へ伺いました。

　高橋家は周辺よりも高い地域の国道沿いにあり，床上までは浸水したもののご自宅は流されなかったようです。残念ながら高橋代表にはお会いできませんでしたが，お父様に溶接手袋，溶接棒等の支援物資を受け取っていただき，被災した工場の場所を教えてもらいました。それは周囲の建物がほとんど流され基礎だけとなり，まだ残る水面近くにありました。工場は1000m²，鉄骨造3階建てでしたが，おそらく津波は15mを超えていたのでしょうか。その平面のほとんどは失われ，残った工場の一部も1, 2階は鉄骨だけ，かろうじて3階壁の一部とそこにかかる高橋工業の看板が残っていました。私は津波の威力に建築の無力さを実感し，ただただ呆然とするばかりでした。

　その数カ月後，ホームページを見ると残った工場のすぐ横に小さな仮設工場が建っている写真がアップされていました。あれだけの被害を受けてもなお，同じ場所で復興を遂げていこうという姿は，過去を吹っ切り未来へ向けた高橋工業の復興宣言のよっにも見えました。一方で建築業界は震災の余波を受け人材不足，物価高騰が起こり今も混乱しています。東日本大震災は，日本社会全体が当事者であると考えるべき問題です。現場は復興に向けて動き始めています。建築設計者もいまこそ目前の震災に関する問題について真摯に取り組むべきだと感じています。

（陣内亮）

写真2 「みんなの家」(外観)

きるようガスコンロや水場があり，つくり付けの棚に皆さんが持ち寄ったやかんや食器などが揃っていました。ゆっくりと本や新聞を読み，お茶の時間に集まって語らい，夜は飲み会もしたりするそうです。居心地良さそうです。おじさんたちは，広い縁側に座っていました。「ボランティアの人たち？」と聞かれ，そうではないことに申し訳なさを感じました。被災地に入るならば，ボランティアを。私も初めはそう思っていました。ただ物見遊山のように訪れるのは申し訳ないのではないか。そんな時，卒業生たちが被災した高橋工業に支援物資を届けるというので，一緒に行くことにしました。そして，少なくとも，被災地で見たり聞いたりしたことは，講義で学生諸君に伝えられることに思い至り，被災地へ入りました。

「みんなの家」の設計者代表の伊東さんは，建築界のノーベル賞とも呼ばれるプリツカー賞を受賞しています（ちなみに，妹島氏も同賞受賞者）。東北における代表作と言えば「仙台メディアテーク」です。ガラスの壁の中にチューブのような柱が何本か立っているのが見える現代的な特徴ある建築です。その人が設計した「みんなの家」。おそらく，言われなければ分かりません。'建築家伊東豊雄らしさ'は，見当たらないからです。仮設住宅の住民の皆さんに少しずつ意見を聞きながら設計されたそうです。建築において，設計者の個性を発揮する「作家性」とは何なのか，ちょっと考えてしまいました。

手入れの行き届いた「みんなの花壇」には，色とりどりの花が咲いていました。「みんなの家」のまわりの仮設住宅は，鉄骨系のプレハブで，8戸が入った細長い棟が，平行に配置されていました。敷地を効率的に利用するためでしょうが，プライバシーへの配慮はあまり感じられず，長く住むには困難な環境

です。集会所はありましたが，もう少し気軽に入ってお茶を飲んだり，食事ができる場所として「みんなの家」は，計画されました。

図1　被災地での経路

　震災で家を失った人々に，まずは応急的な住宅を用意することが大事です。しかし，それだけでは日々の生活は成り立ちません。生活に必要なものはたくさんあります。物質的なものから精神的なものまで。「みんなの家」は，被災者の皆さんの精神的な拠り所となるようつくられました。

　明るく広々とした室内。ボランティアの学生さんたちが組み立てた木材の香りにほっとしました。

　復興支援には色々な方法があると思います。建築に携わるものとしてできることを，と伊東さんたちは思ったのでしょう。

　花壇の手入れをしている皆さんに見学だけで申し訳ないと思いながら見学のお礼を伝えて，「みんなの家」を出ました。

4　女川浜

　仙台から，女川町へ。女川町には，伊東さんと同様にプリツカー賞を受賞した建築家坂茂さんの設計した仮設住宅があります。そこへ向かう途中に，津波の被害が大きかった石巻市街の様子を見ることにしました。カーナビでルート検索をし，ついでにお昼ご飯を食べるところも検索しようと思い立ちました。被災地に行ったら，食事などで少しでもお金を使おうと決めていました。海が近いのできっとお寿司がおいしいだろうとスマートフォンでお寿司屋さんを調

写真3　江島共済会館

写真4　旧女川交番

べ，カーナビで検索しました。迂闊でした。カーナビの情報は，まだ震災前のものです。まず，あるはずの橋がない。そして，お寿司屋さんもお蕎麦屋さんも何もありません。津波でなくなっているのです。あれだけテレビや新聞などで被災地の激変した状況を見ていたのに。のんきにも検索していました。そして，車は進み，仙台市内から1時間半ほどで女川浜へと着きました。目の前に広がる光景を一瞬理解することができませんでした。コンクリートと鉄の格子状のもので出来たコンテンポラリー・アートで言うところのインスタレーションのような，う〜ん，何だろうこれ？　と思ったのは，横倒しになったビルでした。「鉄の格子状のもの」は，建物の外階段でした。初めて見る光景に呆然としました。晩秋の荒涼とした海辺に横倒しになった建物が幾つもあります。建物が'転がっている'のです。普通の状態ではありえない。建物が地面のところからぽきっと折れています。津波の力がどれほどであったのか。その波にのまれた人々の苦しみや悲しみはどれほどであったのか。少し高台の方を見ると家が残っています。でも，人影はありません。「地震だけならよかった。津波がすべてを壊してし

まった」とのちに仮設住宅で会ったシズコさんが言っていました。

写真5　女川サプリメント

あまりの衝撃に足が進まず，カメラを構えることもままなりませんでした。震災以前の状況を知らずとも，私たちは大変な衝撃を受けました。このあたりに住んでいた人々の衝撃はいかばかりか。震災直後，報道で被災地がまるで戦場のようだ，と伝えられ，東京で会った被災者の方々にも直接そのように聞いていました。確かに自衛隊が入り，ヘリコプターが飛び，街が瓦礫となっている様子をメディアで見ました。それなのに，その時は，むしろその表現は不謹慎ではないか，と思っていました。でも，ここへ来て分かりました。私は，戦場を知りません。直後はもっともっとひどい状態だったでしょう。それでも，分かるのです。

この翌年の平成24（2012）年6月に再び訪れた時には，瓦礫がほとんど撤去されていましたが，3つの建物はそのままでした。「女川サプリメント」「江島共済会館」「旧女川交番」は，この時は震災遺構の対象となっていました。しかしながら，護岸復旧工事に支障があるとのことで，平成26（2014）年3月女川サプリメントが撤去されました。「江島共済会館」も撤去が決まっているそうです。

言葉を失ったまま女川浜を後にして，女川町の仮設住宅へ向かいました。

5　女川町仮設住宅

車は，どんどん山あいに入っていきます。高台の野球場の中にその仮設の集合住宅は建っていました。スタンドに囲まれて6棟（計144戸）が建設されてい

ました。初めて見る光景です。宮城野区の仮設住宅とは，かなり印象が違います。3階建てで，外壁にはやさしい色が使われ，階段やバルコニーの手摺は白く塗られています。女川町が独自に発注し，海上輸送用コンテナを組み合わせた造りになっています。まだ，建設途中のものもあり，それはまさにコンテナでした。仮設とは思えないほどの整った外観です。人がたくさんいます。ちょうど入居日でした。すぐ近くの避難所であった体育館から，皆さんが荷物を運んでいました。昨日まで，多くの人々が体育館で暮らしていたのです。見学していると，1人の女の人と目が合いました。荷物が重そうでした。「荷物を運びましょうか」と声をかけました。体育館から運んできた荷物を車から出して，3階の部屋に運ぶことになりました。エレベータはありません。重いものは，陣内君が運んでくれました。女性3人が最後の荷物を運んでいるのが冒頭の写真です。実は，ちょっとしたアクシデントを解決した後の笑顔なのですが。

　ボランティアらしき人々はたくさんいましたが，それぞれに役割分担があるようで，黄色い蛍光色のお揃いのベストを着た若い人たちは，荷物運びは手伝いません。彼らは，フランスの企業から寄付されたテーブルの足を配っていました。私たちが荷物を運び入れている部屋にいると，お揃いのベストを着た人たちが，テーブルの足は短い方がよいか長い方がよいか，と尋ねてきました。まだ，引越しの最中で，どちらがよいかなど分かりません。半年後にここを訪ねた時，そのテーブルは大きくて使いにくいとのことで，皆さん炬燵を買われた，と聞きました。被災地への物資の支援には，難しいこともあります。現場を知らなければ見当違いの支援をしてしまうこともあります。また，現場にいても何が必要なのかを正確に判断することは難しいです。手が空いていれば，荷物運びを手伝う，という判断ができないこともあります。ですから，みんながみんな被災地へボランティアに行く必要はないと思います。ただ，被災地へ行き，自分の目でその様子を確かめ，現場を体験することはとても大事だと思います。

　荷物を運び入れた3階の居室は，2DKでした。キッチンには，冷蔵庫，電子レンジ，炊飯器が備えられ，6畳間につくり付けの棚，4畳半には収納がありました。新しく清潔で最新の設備が整えられた集合住宅です。でも，入居者の大半は，震災前までは庭のある戸建ての家に住んでいたのです。この部屋の住

人となった平塚さんから
のちにお話しをうかがっ
たところ、以前は庭でた
くさんの小鳥を飼ってい
たそうです。

写真6　女川町の仮設住宅

　被災した人々が、一時
的な住まいとして提供さ
れる応急仮設住宅。これ
までは、プレハブ型の長
屋形式が基本でしたが、
東日本大震災では、木造
をはじめとして様々な応急仮設住宅が実現されました。また、民間の賃貸住宅などを借り上げる「みなし仮設住宅」も活用されました。それでも多くの人々が県外へ出たり、不自由な生活を強いられました。生命を維持するだけではなく、人として生活のできる場所が「家」なのです。災害時の避難場所、仮設住宅、その後の復興住宅について、私たちはもっと知っておかなければなりません。

　荷物を運び終え、最初に目が合った女の人と挨拶をしました。「もう、前に進んで行かないとね」、そう彼女は、しっかりとした声で言いました。名前を聞かずに、握手をして別れました。

　それから、半年ほど経ってもう一度、ここを訪ねてみました。平成24（2012）年6月1日のことです。よいお天気で汗ばむほどでした。どの棟であったのかも定かではなかったのですが、3階の部屋をノックしてみました。小柄なおじいさんが出てきました。あ〜間違えた、と思いましたが、一応当日の説明をしました。すると、目の合った女の人は「引っ越しの時の話は聞いている。それは私の妹です」とのおじいさんからのご返答。おじいさんは半塚さんと言います。妹のシズコさんは、少し離れた場所に建てられた清水仮設住宅に入居されているとのことで連れて行ってくれました。突然、訪ねた私たちをシズコさんご夫妻は快く迎え入れてくれました。シズコさんのおうちも平塚さんのおうちもとてもきれいにしてありました。花壇には、マリーゴールドとパンジー、

そしてトマト。平塚さんのベランダには，紅葉の盆栽とお孫さんからプレゼントされたインコが飼われていました。初めて，震災当日のこと，避難所での生活のことなどを聞きました。想像だにしない事実に返す言葉が見つからず，ただ「お会いできてよかったです」としか言えませんでした。

平成26 (2014) 年4月からは，平塚さんもシズコさんご夫妻も新しく出来た運動公園の公営住宅にお住まいです。新しい住まいに喜んでおられましたが，本当は震災がなければしなくてもよかった我慢や苦労です。

今も東北の被災地は，復興の途上にあります。震災から4年が過ぎ，大きな被害を受けなかった私たちは，当時は余震を恐れ，原発事故に怯え，節電だのなんだのと言っていたのに，もう元通りの生活をしています。私は，東日本大震災の日，東京都世田谷区の勤務校にいました。地震後，何カ月も体が揺れているような感じがしていました。言い知れぬ不安感に吐き気や頭痛がしました。

忘れていました。しかし，被災地の人々は忘れようにも忘れられない。

あの日，あなたはどこにいましたか？

震災の記憶が薄れつつある今，もう一度，あの日を振り返ってみたいと思います。

6　東京都世田谷区──平成23 (2011) 年3月11日

その日は，9日に行うはずだった学部生とのゼミを延期し，午後2時に私の研究室集合としていました。そして，文献を読み合わせている時にその揺れはやってきました。午後2時46分。いままでに経験のない大きな揺れでした。研究室は1号館 (7階建て) の6階。鉄筋コンクリート造ですが，建てられて40年以上経っています。一旦，揺れが収まったので，私たちは研究室から出ました。何も持たず，室内履きのままで。廊下には，他の研究室からも先生や学生が出てきていました。外階段が一番近く，すぐにでも駆け下りようと思いました。しかしながら，外階段は崩れ落ちる可能性が高いので皆で少し躊躇しました。また，揺れました。もう降りるしかありません。夢中で外階段を下りました。春休み中でしたが，斜め向かいにある棟の前の広場のあたりにかなりの人々が集まっていました。曇り空から小雨が降り始めました。傘はありませんし，コ

被災地とのつながり方を考える

　東日本大震災の後，被災地との関わり方について考える中で，「ほぼ日刊イトイ新聞」（糸井重里氏が主宰するウェブサイト，通称「ほぼ日」）で，平成23（2011）年11月1日，気仙沼支社を立ち上げた記事は大変興味深いものでした。それは計画よりも先に居場所（気仙沼支社）をつくり，そこに糸井氏やスタッフが足を運び，現地の人々と打ち解けながら企画を立てその様子をネット発信する，といった内容でした。

　気仙沼を実際に訪れてみると，津波で傾いてしまった鉄骨建屋がそのままの状態で残っていたり，地盤が沈下して海水が引かず独特のにおいがする場所がいたるところにありました。しかしその前に見た，RC造の建物が幾つも横転していた女川町や南三陸町の愕然とするような風景に比べて，気仙沼市はその地形のおかげなのか，浸水程度が少なく済んだ場所も多くあり，少しずつ日常を取り戻しつつある様子でした。

　被災状況はその土地によって大きく異なるため，復興の速度や方法もそれぞれ違うものになることを改めて現地で実感しました。その中で「ほぼ日」の関わり方は現場主義的なため，場所ごとの状況に柔軟に対応できるやり方で進められています。復興支援を強く意識するのではなく，あくまで地域に寄り添いながら仕事をするといったスタイルを取っているようです。

　一方で，建築でも現場に寄り添った対応が求められます。例えば仙台の「みんなの家」は，仮設住宅に住み始めたばかりの住民たちと建築家が現地で話し合いを重ねて計画案をまとめ，建設過程でも職人，学生とともに住民も協力しているそうです。実際に訪れた際，「みんなの家」の周囲に作られた花壇に住民の皆さんが花を植える作業をしており，人が集まり語り合う場として大切にされている様子でした。

　今後，仮設から徐々に恒久的な建築，復興計画へと移行していく中で，建築家が果たすべき役割はとても大きいと感じています。あれほどの甚大な被害を受けた土地や人々にとって，その建築がつくられていくプロセスには少なからぬ治癒力があると思います。どのような形で回復していくのかは，その土地の風土や気風へのより密接な関心が必要で，それがそこに暮らす人々の豊かな日常につながっていくと思います。

（陣内明子）

ートも着ていません。寒い。ただでさえ，不安なのに寒さでますます心細くなりました。その時は，知る由もありませんでしたが，東北の被災地はどれほど寒かったことでしょう。建築学科棟から出てきた学生が傘を差し掛けてくれました。ほっとしました。何か先生らしいことでも言わなくちゃ，と気を張っていたので。皆で，先ほどまでいた1号館を遠くから見上げていました。そろそろ大丈夫，せめて，鞄だけでも取ってこようと思い，研究室に戻りました。鞄とコートを掴んで，廊下に出た途端，最初より強い揺れが来ました。急いで外階段を下り始めましたが，あまりの揺れに2階の教室に入りました。机の下に潜りましたが，天井の蛍光灯が激しく揺れています。この時の方がよほど怖かった。揺れが収まっても当分は，安全な場所に待機しておかなければならないと思い知りました。

　どれくらい小雨の中に立っていたでしょうか。大学の最寄駅から構内に戻ってきた人々が電車が止まったことを教えてくれました。「歩いて帰れる人は，大学に残らず帰ってください。誰か一人でも無事に家へ帰られる方がいいから。私は，もう一度駅へ行って，大学は安全だからと伝えてきます」とおっしゃられた先生がいました。東北の被災地の比ではありませんが，切迫した状況でした。何人かの先生に見送られて，私は学生と歩いて帰ることにしました。歩いていると郷里の福岡にいる両親や友人たちからメールが送られてきました。「大丈夫。歩いて帰っています」と返信するとほどなくメールが通じなくなりました。環状8号線沿いに歩いている間は，人通りも少なく，渋滞もしていませんでしたので，さほどの異変は感じませんでした。けれども，ほどなくすべての交通機関が麻痺し，自宅から遠く離れた場所にいた人々は，何時間も歩いてやっと家に辿り着きました。

　大学から歩いて自宅に到着した私は，テレビをつけました。東北地方が震源地だと分かりました。アナウンサーがスタジオでヘルメットをかぶっています。声を失いました。自分が何を見ているのかも分からなくなりました。大量の水が家々を押し流しています。もう見ていられませんでした。けれども，情報を得るにはテレビをつけておかなければなりません。大津波が東日本沿岸を襲っている様子をただただ見るしかありませんでした。

　近所のスーパーマーケットへ行くと，ミネラルウォーターとお米がほとんど

ありません。食料の買い占めが始まっていました。

　震災の翌日は，小塩さんと陣内君の結婚式でした。被災地へ一緒に行った前述の2人です。何という運命でしょう，と思ったのは後のことで，当時は混乱の中，とにかく美容院で着付けをして結婚式場へ向かいました。ほとんど欠席者がいなかったのは，震災の翌日であったからでしょう。被災の情報が整理されておらず，状況が十分には把握されていたなかったためでしょう。

　その後，都内では3月，4月の結婚式は延期されることが多かったようです。無事に結婚式が終わり，帰路の電車はがらがらでした。

　3月19日は，勤務校の卒業式でした。この頃，関東圏から九州や沖縄に一時的に避難している人たちもいました。両親からは「卒業式を終えてから，帰ってきなさい」とメールがありました。両親，そして祖父も大学で教鞭を執っていました。私も教員として，何としても学生たちを守らなければ，と覚悟しました。余震に怯えながら，電車に乗り，卒業式，謝恩会を無事に終えました。今になってみれば，私は，覚悟とは裏腹に，むしろ学生たちに守られ，助けられていました。そして，両親，友人，卒業生，近隣の人々にどれだけ助けられたことか。励ましのメールや電話は，本当に嬉しかった。水，食料，電池などを送ってもらいました。ありがたいことでした。この恩にいつか報いることができるよう生きていかなければと思っています。

　あの日からからそのままにしていた研究室に入れたのは，6日後です。それまでは，怖くて大学へ行くことができませんでした。他の場所へ行けてもです。被災した場所に再び行くことは，とても難しい。その日の記憶が蘇りますし，また被災するのでは，という不安にかられます。躊躇しながらも階段を6階まで上がり，研究室のドアを開けました。書棚の本が散乱し，陶器のビクター犬が床に落ちて割れていました。5月の連休くらいまで，エレベータに乗ることができず，階段で6階まで上り下りしていました。

　その後，割れてしまったビクター犬はきれいに直してもらいました。でも，その継ぎ目を見ると，忘れそうになるあの日を思い出します。

　被災地の人々は，震災を忘れそうになったりはしないと思います。でも，「忘れたい」と思う時もきっとあります。そうした人々の目に震災遺構は，どのように映るのでしょうか。見るたびに，つらい思いをする人もいる。災害遺

構は，そこへ訪れれば，否応なく目にすることになります。また，周辺に住んでいれば，日々のことになります。ある意味，それは諸刃の剣であり，暴力的な事態です。

震災遺構は，はたして残すべきなのかどうかを考えてみたいと思います。

7 震災遺構の保存について

11月6日に女川町の仮設住宅を訪ねた後，私たちは南三陸町に向かいました。車を降りると，潮の香りとともにかすかに異臭がしました。メディアからは，決して伝わってこないものです。震災直後は，きっと凄まじいにおいがしていたでしょう。海の近く，荒れ果てた南三陸町に人影はなく，カモメが数羽飛んでいました。私は，すでに，女川町仮設住宅周辺の積み上げられた瓦礫の山を見て，一瞬にして失われたものの多さに，もう気持ちを保つことができなくなりつつありました。さらに，南三陸町のこの惨状。私は「帰りたい」とつぶやいていました。情けないことです。

津波によって鉄骨だけになった「防災対策庁舎」の前に佇んでいると，1台の車が私たちのそばに停まりました。車から出てきたのは，大学の同僚の倉田先生と学生のみんなでした。遠野にボランティアへ行った帰りだったそうです。心の底からほっとしました。思いがけず会えたことに感謝しました。気を取り直して，防災庁舎前に設けられた慰霊の祭壇に向かいました。たくさんの花束，水や食物が供えられていました。

宮城県本吉郡南三陸町の防災対策庁舎は，平成8（1996）年に竣工し，耐震性は確保されていました。津波で3階屋上まで被害を受けその鉄骨が残っています。当日，危機管理課の女性職員は，最後まで防災行政無線で避難の呼びかけを行っていました。津波は屋上まで飲み込み，彼女を含め40人以上の職員や庁舎内にいた人々が亡くなり，助かったのは10人ほどでした。半年後の九月には，町長が取り壊す方針を明らかにしましたが，震災遺構として保存されるべきではないかという意見も出て，平成26（2014）年夏現在保留のままです。遺族の方々の意見や思いも一つではありません。ここで亡くなった大切な人を弔う拠り所として残してほしいと願う人がいる一方，つらい記憶が蘇えるから

撤去してほしいと訴える人もいます。

前述の女川浜の3棟の建物「女川サプリメント」「旧女川交番」「江島共済会館」も津波に倒されましたが流出せずに残ったものです。それぞれ別々の方向に倒れていて，被害状況が異なっています。このため，専門家からは保存して研究資料に

写真7　南三陸町防災対策庁舎跡

するべきとの声が上がっていました。しかしながら，建物自体の損傷や潮風による塩害で近寄ることも危険な状態となり，護岸復旧工事の支障ともなるため，2棟の撤去が決まってしまいました。

阪神・淡路大震災後，被災建造物は，ほぼ取り壊されてしまいました。保存されたのは，神戸港の崩れた岸壁（神戸港震災メモリアルパーク），淡路島の露出した断層（北淡震災記念公園　野島断層保存館）などです。記念施設として「人と防災未来センター」が新築されましたが，神戸の街中には，震災を直接的に思い出させるものは見当たりません。

東京も関東大震災の被災地です。昭和5（1930）年に最も被害の大きかった被服廠跡（現横網町公園）に遭難者を慰霊するため「震災記念堂」が完成しました。築地本願寺や湯島聖堂を手掛けた伊東忠太の設計です。その後，東京大空襲などによる犠牲者も合わせて慰霊する場として「東京都慰霊堂」と改称されました。敷地内には，東京都復興記念館もあり，震災被害資料が保存・展示されています。震災の記憶は，しっかりと記録されていますが，震災遺構と呼べるものはありません。

アメリカ合衆国ニューヨークにある9.11メモリアル・パークを訪れた時に，最も衝撃を受けたのは，ツイン・タワーの残骸でした。それは，メモリアル・ミュージアムの巨大なガラスの中にありましたので，直接目に入ってはきませ

第1講　私たちは，震災の記憶をどのように伝えていくのか？　19

ん。ビルの跡地は，美しい2つの滝のメモリアル（慰霊碑）とし，焼け残った柱や階段を回収して博物館に保存する。遺構の完全な現地保存でなくともこのような方法もあります。

　震災の記憶を後世に伝えるためには，遺構の現地保存は，とても有効だと思います。無論，鎮魂の場として，そして，震災の威力や恐ろしさを語り継ぐことを促すきっかけとして。ただ，その場合に大きな問題となるのが，誰が維持管理し，その費用はどうするのかということです。それは，当事者だけで解決できる問題ではありません。震災の記憶は，すべての人々に負の遺産として伝えられるべきです。震災遺構の保存管理については，政府の支援が必要だと思います。

　広島の原爆ドームも，撤去か保存かという議論が長くありました。被爆の悲しみを超えて，昭和41（1966）年にやっと保存が決定しました。そして，平成8（1996）年に世界遺産となりました。原爆の遺構として，核兵器の惨禍を伝え，時代を超えて核兵器の廃絶と世界の恒久平和の大切さを訴える人類共通の平和記念碑となりました。毎年，8月6日に平和記念式典は，広島の平和記念公園（1954年，設計：丹下健三）で行われます。その様子は，シンボルとしての原爆ドームとともに世界に配信されます。

　人間の負の遺産としての戦災遺構と自然災害による震災遺構では，その存在理由に違いがあります。同じように考えることは難しいかもしれません。しかしながら，震災遺構が復興のシンボルとなりうるかどうかを考える必要があると思います。壊す前にもう一度考え，議論を重ねることで，幾つかの解答を導くことができるのではないでしょうか。結果として壊すことになったとしてもしっかりと議論することが大事だと思います。

8　おわりに

　古来より災害の記憶を伝える方法は，幾つもありました。石碑や言い伝え，映像，小説，美術，音楽といったあらゆる表現手段でそれは試みられてきました。震災を経験した人には，直接的に視覚に訴える対象は辛く，むしろ文字やアートなどに変換されたもので記憶を引き出せる方がよいかもしれません。

都市計画と原発問題について

　私は，2011年11月に宮城県，2014年5月に福島県に行ってきました。たった2回ではありますが，私が行って体感したことを，まとめてみたいと思います。

　東日本大震災から半年が過ぎ，被害の大きかった場所を一度は自分の目で見ておきたいと考え，津波被害の大きかった宮城県沿岸部に行くことにしました。行ってみると，想像していたよりもはるかに広範囲のエリアを津波が襲い，街が破壊されていました。また一方で，仮設住宅に住む方々の暮らしを少し見せていただき，家があることで初めて当たり前の暮らしが成り立つのだということを，改めて認識しました。

　そして2015年，東日本大震災後4年が経ち，テレビや新聞で復興が進んでいないという報道を目にする中で，被災した地元の方が現状を知ってもらいたいと行っているスタディツアーの存在を知りました。私が参加したツアーは，福島県いわき市内に集合し，そこから車で，楢葉町を経由して，原発20km圏内の富岡町に入り，いわき市に戻ってくる，というコースでした。宮城県沿岸部では，2011年11月の時点ですでにがれきの撤去かかなり進んでいましたが，避難指示区域にある福島県の富岡町の沿岸部では，2014年5月の時点でも，津波の被害が当時のまま残っていました。また，津波被害のなかったエリアの景色は，一見すると穏やかな海辺の田園風景でしたが，家々に人の気配がなく，田んぼや河原に除染した土などを詰めた土嚢のような黒い袋が，積まれていました。除染が必要な区域は広範囲だけれど，除染のために削った土を捨てる場所が足りず，除染したその場所に袋が積んだままになっていました。

　2カ所の被災地を訪れて，自分に何ができるのか，また原発問題をどう考えるのか，など色々なことを考えるきっかけとなりました。災害は必ず起きることであり，起きた時にどうなるのかをシミュレーションせずに物事を判断することは，非常に危険で無責任なことだと感じました。また，大きく報道されることだけで，分かったような気になるのではなく，物事をきちんと自分で把握して，理解に努めようとするようになりました。今後も，被災地の復興を注視し続けるとともに，原子力発電の問題についても着目していきたいです。そして，自分にできることを見つけていければと思っています。

（遠藤聖子）

また，記念日という形で伝えられているものもあります。例えば，9月1日防災の日です。大正12（1923）年9月1日，午前11時58分に起こった関東大震災にちなんでいます。この日は，災害への意識を高め，備えを怠らないようにと，伊勢湾台風の翌年，昭和35（1960）年に制定されました。阪神・淡路大震災の1月17日，東日本大震災の3月11日は，いまはまだ慰霊の日であることが最も大切ですが，いずれは何かの記念日として制定されるのではないでしょうか。

　関東大震災後，焼け野原となった帝都復興のために様々な事業が行われました。都市整備を急務として，道路が造られ，隅田川に橋がかけられました。同潤会がアパートや一戸建て住宅を提供しました。そうした実際的なものだけではなく，慰霊碑として蔵魄塔（日名子実三作）が深川の浄心寺に建立され，帝都復興創案展覧会が催され，人々の間で「復興節」が歌われたりしました。

　そうした復興記念事業の1つとして，昭和4（1929）年に竣工した「横浜公園平和球場」（現横浜スタジアム）では，早慶新人戦が行われました。大震災から6年。野球のできる喜びに満員のスタンドは沸きました。

　東日本大震災から2年半が過ぎようとしていた平成25（2013）年9月に東京に2020年開催のオリンピック・パラリンピック開催が決まりました。まだまだそんな時期ではないような気もしますが，決まったからには信念というか哲学を持って準備し，開催されることが肝要だと思います。昭和39（1964）年の東京オリンピックが第2次世界大戦からの復興を世界に示すことを目標としたように。スポーツ・イベントも災害からの復興に大いに役立ちます。

　一見娯楽のように思えるスポーツにも災害の歴史が反映されており，スポーツは災害復興にも役立っています。次講では，そのことを椿原先生に尋ねてみましょう。

第2講

スポーツの力

椿原　徹也

1　震災後のスポーツ

1.1　関東大震災

　日本は過去に数多くの震災を経験しています。大きな震災であればあるほど，復興には時間がかかります。復興とは，一度衰えたものが再び勢いを取り戻すことであり，建物や道路を直すということだけに留まらず，被害を受けた地域や人々が元の勢いを取り戻すことだと思います。スポーツに関わる筆者は，常日頃から人々の暮らしやこころにスポーツが大きく影響していると感じています。今回はそのスポーツが復興に果たした役割，また果たすべき役割について考えていきたいと思います。

　日本で起きた大きな震災の1つに，関東大震災があります。1923年9月1日に相模湾北部を震源とし，マグニチュード7.9の地震が襲いました。当時は，木造の建物がほとんどで，倒壊や火災が激しく，東京・神奈川は3日間にわたり火の海となりました。また，小田原や熱海など関東南部には津波も押し寄せ，これも甚大な被害を与え，死者・行方不明者は10万5000人余となる大災害となりました。これだけ大きな災害のため，復興には多くの時間を要しました。

　震災直後，当時の東京市長の後藤新平（1857-1929）が帝都復興院総裁として，広範な復興計画を立てました。後藤の見積もった予算は大幅に縮減されたものの，計画に沿って大小の公園が新設されました。住宅だけでなくなぜ公園？

23

と思った方も多いと思いますが，横浜の山下公園，東京都中央区の浜町公園なども当時つくられたものです。その中には，当初の計画にはなかった体育施設が設けられた公園もありました。それは震災復興のために新設された3大公園（墨田，錦糸，浜町）の1つ，墨田公園です。墨田公園はウォーターフロントを実現したわが国最初の公園で，平時にはレジャー施設として，緊急時には避難場として使用できるようにつくられました。さらに，公園内にボートレースの観覧席を設け，プールが設置され，水上競技のシンボルとなりました。一方，すでに震災前から，嘉納治五郎（1860-1938）の提案により建設が進められていた明治神宮外苑競技場を陸上競技のシンボルとし，この両者を復興への体育振興の拠点としました。

実は，震災後に新設される公園に体育施設を設けることを後藤に提案した人物は，嘉納であったと考えられます。嘉納は，近代柔道の創始者であり，教育・体育分野の発展や日本のオリンピック初参加に尽力するなど明治から昭和にかけわが国日本における体育の道を開いた人物です。「体育を奨励することが国民の活力を引き出し，復興につながる」という考えから，震災直後に，復興会議に体育の専門家を入れることを提言し，大日本体育協会（現在の日本体育協会）では，公園の整備に際して競技場も一緒に建設するべく建議することを決めました（真田久「帝都復興とスポーツ」日本トップリーグ連携機構HP掲載のコラム第79話）。そのおかげで震災の翌年には，様々な競技大会が開催されました。当時の中学野球（現在の高校野球）は，夏に行われていた全国中等学校優勝野球大会（現在の全国高等学校野球選手権大会，以下夏の甲子園大会）だけでしたが，震災からわずか半年後には，復興を目的とした春の選抜中等学校野球大会（現在の選抜高等学校野球大会，以下センバツ大会）が誕生しました。

1.2　阪神・淡路大震災

1995年1月17日，兵庫県南部を震源とするマグニチュード7.3の地震が近畿地方を襲いました。阪神・淡路大震災です。被害の多くは，早朝ということもあり家屋の倒壊による死者が8割を超え，合わせて6000人を超える死者を出しました。スポーツ界では，阪神競馬場が壊滅的な被害を受け，京都競馬場で行われる予定であった競馬も開催が中止となりました。そして，1月29日に開催

予定であった「大阪国際マラソン」も中止を余儀なくされました。

　多くの被害が出たため中止や延期を判断したスポーツがほとんどでしたが，その中で開催に踏み切ったスポーツがありました。それは，「高校野球」です。甲子園球場は一部が破損しましたが，震災から2カ月後，何と被災地でのセンバツ大会が開催されました。甲子園球場のある兵庫県西宮市では，避難所生活を強いられている人も多く，反対の声がたくさんありました。しかし，「被災地の励みになる「復興のセンバツ」にしよう」と開催を後押ししたのは，当時の貝原俊民知事や県職員らでした。「震災にめげて大会ができなければ，復興に向けて元気が出ない。そう思ってやろうと決めた」と貝原知事は述べていました。そして，当時の馬場順三西宮市長や高等学校野球連盟（以下高野連）と相談し，「高校球児が甲子園でプレーする姿に被災地は元気づけられるだろう」と開催の最終決定を下しました。西宮市では当時，復旧を優先させるという理由からイベントが次々と中止になっていました。しかし，馬場市長は知事の方針に「震災が残した爪痕と復興への願いを全国に訴えるチャンスになるのではないか」と開催に賛同したと話していました（ウェブサイト「超刊スポニチ」2011年3月18日号）。大会では被災者に配慮するため，開会式を簡素化し，応援に笛や太鼓などの鳴り物を使用しない異例の対応を取りました。また，余震の心配もあり，避難計画など入念に立てながら慎重に準備が行われ，大会が無事に開催されました。

　ここまでして大会を開催する意義とは何なのでしょうか？　復興に向けてスポーツに何らかの力があるからだとしか考えられません。

1.3　東日本大震災直後

　2011年3月11日，マグニチュード9.0の地震が東日本を襲いました。この地震は，地震の被害だけでなく，とりわけ津波の被害が大きく，震災関連死も含め2万人以上の犠牲者を出しました。また，原子力発電所も津波の影響を受け，大きな被害となりました。放射能漏れの危険性から福島県からは数万人の方が避難を余儀なくされ，家を失った方々を合わせればピーク時で40万人以上が避難者となりました。これだけ大きな被害があった震災後，スポーツ界はどのように復興に向けて動き出したのでしょうか。

震災当日，Jリーグ（日本プロサッカーリーグ）は余震や交通機関の混乱が予想されるとして，12日，13日に開催予定であったJ1，J2のすべての試合を中止すると発表をしました。続いて日本中央競馬会も12日，13日に開催予定であった中山，阪神，小倉での開催中止を発表しました。公営競技は競輪がすべての開催を中止し，地方競馬，オートレース，ボートレースなども中止となりました。これらの競技に共通するものは何でしょうか？　実は，これらの競技は賭けの対象となるスポーツです。いずれも投票券やくじの購入・払戻金などがあり混乱を避けるため，リスク回避に向けた動きであったことが考えられます。そして，その他のスポーツでも動きが早かったのがバレーボールでした。12日，13日に各地で行われる予定であったプレミアリーグ，チャレンジリーグの全試合が中止となりました。さらにはバスケットボールやシーズン終盤にさしかかったウィンタースポーツ，名古屋で行われる予定だったマラソンも中止が発表されました（上柿和生「東日本大震災に日本のスポーツ界はどう動いたか」『現代スポーツ評論』第24号，創文企画，2011年6月）。これらのスポーツイベントが中止になった理由は「本来スポーツは勇気と希望を与えるものだが，これだけの未曽有の災害の中で開催するわけにはいかない」と東日本大震災による選手の心理的影響，被災者感情を考慮した動きでした。

　このようにスポーツ活動の自粛や大会の中止が相次ぐ中，震災からわずか12日後に開催された大会がありました。その大会は，関東大震災後に誕生し，阪神・淡路大震災直後にも開催された「高校野球」のセンバツ大会です。開催した理由について，当時の高野連の奥島会長は，被災地にある学校の出場意欲が強いことを挙げ「一生に一度かもしれない選手達の機会をなくしたくない。高校球児の真剣なプレーが被災地の方々のみならず，全国の人々に対して一筋の光となるのではないか」と述べていました。そして震災から1週間後に，「「がんばろう！　日本」をテーマに，被災者など関係する人への応援，高校球児の夢の実現，国民への励まし，被災地のみなさんの生活や心情の理解などを盛り込んだ大会にする」と発表し，開催に至りました。

　開会式での創志学園高校（岡山県）の野山主将による選手宣誓は，全国の人々のこころに響きました。「宣誓。私たちは16年前，阪神・淡路大震災の年に生まれました。今，東日本大震災で多くの尊い命が奪われ，私たちの心は悲しみ

でいっぱいです。被災地では全ての方々が一丸となり，仲間とともに頑張っておられます。人は仲間に支えられることで，大きな困難を乗り越えることができると信じています。私たちに，今，できること，それはこの大会を精いっぱい元気を出して戦うことです。「がんばろう！日本」生かされている命に感謝し，全身全霊で，正々堂々とプレーすることを誓います」(「高校野球ドットコム」)。

写真1　創志学園・野山主将の選手宣誓
(朝日新聞HPより)

　実際，開催には賛否両論ありましたが，大会が始まると高校球児達から大きな力をもらった国民が多かったのではないでしょうか。

1.4　東日本大震災後

　震災からしばらく経つと「スポーツどころではない」という心情的な側面が和らぎ，復興支援という形でスポーツ活動が再開の方向へ向かいました。しかし，スムーズにスポーツ活動が再開されたわけではありません。特に問題となったのは福島第一原発の事故による電力需要の問題です。プロ野球界では，セントラル・リーグ (以下セリーグ) とパシフィック・リーグ (以下パリーグ) の開幕日で揺れました。本拠地球場に被害があった東北楽天ゴールデンイーグルスや千葉ロッテマリーンズなどが所属するパリーグは，すぐに開幕日延期を決めました。しかし，本拠地球場に被害の少なかったチームがほとんどのセリーグは，読売ジャイアンツ主導で選手会からの反発を振り切り，当初予定されていた3月25日に開幕をすると発表しました。この決定には，様々な憶測が飛び交いました。球団が利益を優先しているのではないか，プロ野球開催によって被災地を元気づけたいと思っているのではないかなど真意は分かりませんが，結局，世論やマスコミから激しい批判を浴び，文部科学省から「大規模停電の恐れさえある中でのナイター開催は現実的ではない」と指摘を受け，さらには東北電力と東京電力からナイターを実施しないよう強い要望があり，震災から約1カ月後の4月12日にセリーグとパリーグの同時開催で落ち着きました。

　サッカー界では，3月25日，29日に開催を予定していたキリンチャレンジカ

ップ（日本代表が行う国際親善試合）が，東京電力の計画停電の処置による影響と対戦相手チームの来日断念により開催中止を決定しました。しかし，サッカー界の支援の動きは早く，Ｊリーグのチームによる生活物資の支援やボランティア活動はもちろんのこと，海外でプレーしている選手の多くが，日本へメッセージや支援を送り続け，必死に日本を応援してくれました。日本サッカー協会は「がんばろうニッポン！」を立ち上げ，3月29日には「東北地方太平洋沖地震復興支援チャリティーマッチ」を大阪で開催しました。この試合は，1月にアジア杯を制した日本代表と元日本代表の三浦知良選手らで構成されたＪリーグ選抜との対戦でした。震災からわずか2週間後にもかかわらず海外から12名もの選手が集まり，さらにはＪリーグ選抜の三浦選手がゴールを決め，パフォーマンスを披露するなど大いに盛り上がり，被災地に勇気を与えてくれる試合となりました。この試合はチャリティーマッチのため，収益金の1億1300万円のうち5000万円は被災地域のサッカー活動支援のために，残りは日本赤十字社を通じて被災地に寄付されるなど復興に向けて素晴らしいイベントとなりました。

　その後，復興支援を掲げ様々なスポーツイベントが開催されるようになっていきました。1年後に開催されたセンバツ大会では，被災地である石巻工業高校（宮城県）の阿部主将が出場32校の中から選手宣誓のくじを引き当てました。

　「宣誓。東日本大震災から1年。日本は復興の真っ最中です。被災をされた方々の中には苦しくて，心の整理がつかず，今も当時のことや亡くなられた方を忘れられず，悲しみに暮れている方がたくさんいます。人は誰でも，答えのない悲しみを受け入れることは苦しくてつらいことです。しかし，日本がひとつになり，その苦難を乗り越えることができれば，その先に必ず大きな幸せが待っていると信じています。だからこそ日本中に届けます。感動，勇気，そして笑顔を。見せましょう。日本の底力，絆を。われわれ高校球児ができること。それは全力で戦い抜き，最後まで諦めないことです。今野球ができることに感謝し，全身全霊で正々堂々とプレーすることを誓います」（共同通信社）。

　この阿部主将の石巻工業高校は，津波の被害を受け，校舎に取り残された選手達は2日間孤立しました。海水が引いたグランドはヘドロで覆い尽くされ，3日目にしてやっとの思いで自宅に戻ると，そこは別世界と化していました。

町はがれきの山となり，あちらこちらに死体が見え，すれ違う人は皆，下を向いて歩いている状態でした。阿部主将も少年野球で同じチームだった仲間を亡くし，チームメイトの7割は自宅に被害を受け，そして親戚を亡くした者もいました。このような状況でももう一度野球をしたいとグランドの整備が始まり，たくさんの方々から野球用具の支援，グランド整備の支援を受け，21世紀枠でしたが甲子園出場を果たしました。そんな辛い経験をした選手を代表し阿部主将は，「自分たちが体験したこと，気持ちを素直に言葉にしました」と話してくれました（保坂淑子『主将心』）。

　このようにスポーツというものは厳しいことを乗り越え，諦めず努力している姿，またその過程や成功などが大きく人のこころに響くものなのだと感じます。そのため，被災地の人々は同じ境遇の選手が頑張っている姿を見ることで，自分も頑張ろうと改めて復興というものを強く意識させられたものではないでしょうか。また，宣誓にある「日本が一つになる」ということは被災地の人々だけではなく，視聴者，観戦者，被害を受けていな市民や被災地にいない国民が震災についてもう一度考えて取り組む必要があるというメッセージであり，決してこの震災を忘れてはならないという強い思いから生まれた言葉だったように感じました。震災以降，スポーツには，国民のこころや思いを一つにするとてつもなく大きな力があることを実感しましたが，実際にはどのような力があるのか考えていきたいと思います。

2　スポーツの力

2.1　発信力・求心力

　震災後のスポーツの事例について少し話してきましたが，復興にスポーツが果たす役割とは何なのでしょうか。まず，復興支援には，大きく分けて「資源」と「こころ」の2つがあると思います。「資源」は，カネ・モノ・ヒトといった，お金や物資などを届ける，また，ボランティア活動を行うといった被災地の方々が直接目や手にすることができる支援です。震災直後からスポーツ界は率先してそういった支援の手を差し伸べてきました。義援金はもちろんのこと，競技団体を通じたスポーツ用品やスポーツ機会の提供，アスリートの訪

問，あるいは地域のスポーツ少年団や総合型地域スポーツクラブによる生活物資の寄付など，その活動は多岐にわたりました。

アメリカに拠点を置く陸上の為末大選手は，震災当日にジャスト・ギビングというウェブサイト上で「チームジャパン」を発足しました。今まで応援してもらった分，今度は僕らが応援する番だと，「人を励ますこと」，「影響力を発揮して支援の輪を広げること」を目的として様々な選手の支援立ち上げをサポートしました。支援物資も集まりすぎると地元の小売業者の生活を圧迫しかねないと考え，まずは義援金を集めることだと動き出しました。ウェブ上のため賛同した人は誰でも参加できる形を取り，わずか5日間で1000万円を超える義援金を集めました。また，「フェイスブック」や「ツイッター」といったソーシャルネットワークを利用し，義援金だけでなく多くの応援メッセージを被災地に送りました（折山淑美「チームジャパン提唱者が語る」『Number』第776号）。このようにスポーツの持っている「発信力」や「求心力」というものはとても大きく，その力によって震災復興への足がかりとなったことは間違いありません。

義援金と言えば，プロ野球のイチローが1億円，松井秀樹が5000万円，ダルビッシュ有が5000万円と，被災地に対する大口義援金が相次いで報道されました。ゴルフの石川遼選手は，その年の賞金全額と各ホールでパーよりも良いスコアを出した場合には，1ホールにつき10万円を寄付すると宣言し，総額1億3348万円もの寄付となりました。目標には2億円を掲げていましたが，「自分にハッパを掛けるつもりで出した数字。遠く及ばなかったが，今後も長く支援する立場に自分はあると」と当時わずか19歳の少年の言葉とは思えませんでした。スポーツ界ではこのような個人の支援と競技団体，球団，クラブが総力を挙げ，多額の義援金や様々な「資源」の支援を被災地に送り，スポーツの持っている「発信力」や「求心力」を強く感じました（小川勝「スポーツ界と復興支援」『Number』第794号）。

2.2　活　　力

復興支援のもう1つ「こころ」の支援は，スポーツが果たす役割として，とても大きなものだと思っています。陸上の高橋尚子選手らは，「日本はいま，ひとつのチームになる」という思いから被災地を応援する「TEAM NIP-

PON」プロジェクトを立ち上げました。この，TEAM NIPPONの立ち上げの
きっかけは，高橋選手に届いた1通のメールでした。

　「私どもは，ふくしま陸上スポーツ少年団と申します。福島県の郡山市を拠
点として毎週練習を行っております。東日本大震災並びに福島原発の問題に見
舞われ，団員は春休みをとっております。屋内退避までの指示は出ておりませ
んが，屋外へは極力出ないようにという指示があり，子供達は各家庭にて生活
をしており，家庭によってはいまだ水道が回復していないところもあり，フラ
ストレーションもかなりのものとなっております。今は生活するのがやっとで，
練習なんてとても考えられない状況なのですが，なんとか子供達を勇気付けて
あげられないものかと思い，今回の連絡に至りました。原発の状況が予断を許
さないものであるため，福島県に対しての風評被害が多くあり，県内に入るの
を拒む方々も多いようです。我々もこの状況を黙っていては改善されないこと
は理解しております。そのため，何か行動をもって改善したいと思っており，
そこで高橋尚子さんのスマイルと子供達の輝く目が接することで，何かしらの
光が見えるのではないかと考え，お力添えをお願いしたくご連絡いたしまし
た」（http://www.teamnippon.jp/）。

　高橋選手らの，「私たちアスリートにもできることがある」という強い思い
がアスリート仲間に広がり，1人また1人と集まり始めました。国内だけでな
く国外からも集まり，アスリートからの応援メッセージを公開したり，アスリ
ートが被災地を訪問したり，日本を元気づけるためのイベントを開催するなど，
こころの支援を現在も積極的に行っています。

　このような「こころ」の支援は，とても大切なことであり，震災後のセンバ
ツ大会やサッカーのチャリティーマッチによって「希望」や「勇気」，「諦めな
い気持ち」を貰った被災者の方々が多くいるのではないでしょうか。私は，ス
ポーツ選手が頑張る姿を見ることによって「こころ」が変わり，次に動き出す
「活力」なるのだと思っています。スポーツが今より盛んてはなかった昭和初
期においても，関東大震災後にセンバツ大会が開催されたり，敗戦後の翌年か
ら国民体育大会が開催されたりなど，スポーツには国民の「活力」を引き出す
大きな力があることが分かっていたのだと思います。スポーツの持っている
「発信力」と「求心力」によって国民に「活力」を生み出す大きな力があると

第2講　スポーツの力　　**31**

確信しています。震災後に開催された2012年のロンドンオリンピック・パラリンピックでの日本人選手の活躍は，まさに国民に大きな感動と活力を与えたものだったのではないでしょうか。

2.3　モチベーション

　一方で被災地に「活力」を与えたいという気持ちが，選手やチームの力を大きく変えることがあります。阪神・淡路大震災後に力を発揮したのは，プロ野球のオリックス・ブルーウェーブ（現在のオリックス・バファローズ）でした。「がんばろうKOBE」をスローガンに，震災のあった年に何とパリーグを制覇し，翌年には日本一にまで登り詰めました。この結果は，もちろんチームの戦い方や戦力によるものだとは思いますが，被災地に「活力」を与えたいという強い気持ちがチームに新たな力を生んだのではないかと思っています。

　東日本大震災後は，4月29日から開幕したJリーグにおいて，本拠地が被災地であるベガルタ仙台（以下仙台）の躍進が目立ちました。震災後のJリーグ再開初戦，仙台は川崎フロンターレ（以下川崎）と戦いました。仙台は毎年J1の残留争いをしていたチームで，川崎の本拠地である等々力競技場では過去一度も勝利したことがありませんでした。試合前には震災での犠牲者へ黙祷が捧げられ，雨の中試合が始まりました。案の定，川崎に先制点を許し，「また敗戦か」という雰囲気が濃厚となった後半，MFの太田が倒れ込みながらゴールし追いつきました。さらに終了間際の後半42分，フリーキックからDF鎌田がヘディングでゴールを決めて逆転勝利，奇跡の等々力初勝利となりました。試合後には，両チームのサポーターが一緒になり仙台を応援するなど感動を呼ぶシーンもありました。この試合をきっかけに仙台は勝利を重ね，この年チーム史上最高位となるJ1リーグ4位となりました。当時の梁副主将は，「チームの支援活動で訪れた学校や仮設住宅で自分たちより苦しい立場の人たちが，期待を込めて，がんばってくれと言ってくれる。Jリーグの試合で勝つことが仙台，東北の力になると実感し，結果が必要とされているところに，とてつもないやりがいを感じた」（chosensinbo.com）と述べています。その翌年にはJ1リーグ2位となり，優勝争いに絡むチームへとさらに成長を遂げました。

　また，震災から4カ月後の7月には，女子サッカー日本代表のなでしこジャ

パンがワールドカップで優勝しました。女子サッカー日本代表の過去の戦績は，3大会連続でグループリーグ敗退でした。一方，決勝で戦った優勝候補のアメリカ代表は，過去5大会中優勝2回，3位3回という戦績で，問題なく決勝までコマを進めてきました。何とか決勝まで勝ち上がったなでしこジャパンが，そんな強豪アメリカ代表をPK戦の末破り，ワールドカップで優勝を遂げたことも実力はもちろんのこと，被災地への強い思いがあったのだと思います。

　私はこれらの力は，モチベーションと大きく関係があると思っています。モチベーションとは，「動機づけ」や「やる気」という意味であり，人やチームが一定の方向や目標に向かって行動し，それを維持する働きを指します。モチベーションを高めるためには「目標がある」，「大切な人のためにやる」，「楽しい」という3つの要素のどれかが必要であると言われています。仙台にしても，なでしこジャパンにしても優勝することが「目標」であり，それによってすでに高いモチベーションを持っていたに違いありませんが，そのモチベーションにプラスして「被災地のために頑張る」というさらなる高いモチベーションが加わり，大きな結果につながったのだと思います。

2.4　笑　　顔

　被災地の人々の「活力」を取り戻すためにも，モチベーションはとても重要だと感じています。特に，「楽しい」という要素がとても大切です。日本体育協会は，東日本大震災復興支援「スポーツこころのプロジェクト」をスタートさせました。これは被災した6県(青森県，岩手県，宮城県，福島県，茨城県，千葉県)の小学生を対象にトップアスリートが夢先生となって学校を訪問し，被災地に笑顔と元気を届け，こころの回復を応援するプログラムです。内容は，遊びや対話を通して諦めない気持ちや夢の重要さを伝える「スポーツ笑顔の教室」と，事情によりこの教室が実施できない子どもたちへアスリートのメッセージを送る「スポーツ笑顔のメッセージ」の2つのプログラムを実施しています。参加した小学生たちは，トップアスリートと体を動かし，「笑顔」が生まれ，夢や努力の大切さを得るなど大きな成果を上げています。

　では，実際にスポーツによって得られる「笑顔」とはどんなものでしょうか？　もともとスポーツの語源は，ラテン語のdeportareに由来します。意味

写真2 笑顔の教室（2014年8月29日）（スポーツこころのプロジェクトHPより）

としては，「気晴らし」「なぐさみ」などで使用されていたようです。その後，16〜17世紀にかけdespotやsportが使用されるようになりました。意味としては，山登りから女性を口説くことまでに使用され，「自ら楽しむ」「気晴らし」「満足」「気分転換」と解釈されていました。このようにスポーツが本来持っている「楽しい」といったことが実践されれば，リラックスでき，「笑顔」が生まれるものです。得点を決めた時，良いプレーをした時，試合に勝った時なども自然と「笑顔」が生まれます。また，応援しているチームの活躍や勝利によっても同じように「笑顔」が生まれるものです。

　日本のスポーツには，スポーツが本来持っている意味が当てはまるのでしょうか？　従来日本におけるスポーツというのは，「体育」として体を鍛える，精神を鍛えるといった教育的手段の要素が強かったように私は感じています。学校教育の部活動などにおいても楽しくスポーツするというイメージは少なく，緊張の連続で「笑顔」は決まって練習が終わってからだったのではないでしょうか。しかし，日本では，楽しむという要素を決して排除してきたわけではありません。東京オリンピック前の1961年には，「スポーツ振興法」という法律が制定されました。この法律は，「スポーツ振興に関する施策の基本を明らかにし，国民の心身の健全な発達と明るく豊かな国民生活の形成に寄与することを目的とする」というものでした。しかし，その内容は，東京オリンピック開催に向けて運動施設や環境の整備などに主眼が置かれ，復興には大きな影響を与えたものの，結局スポーツが国民の身近なものへとは発展しませんでした。

　日本のスポーツに変化が現れたのは2001年に「スポーツ振興基本計画」という計画が文部科学省より示されてからではないでしょうか。この計画は，「スポーツの振興を通じた子供の体力向上」，「生涯スポーツ社会の実現」，「国際競技力の向上」の実現を目指すもので国，地方公共団体，民間団体，地域住

民，競技者が一体となってスポーツの振興に取り組むことにより，「明るく豊かで活力ある社会が実現される」と明記されました。この計画によって，スポーツ振興基金（TOTO）や総合型地域スポーツクラブがつくられました。国としてもスポーツの重要性を改めて考え，2011年には50年ぶりに「スポーツ振興法」が全面改正され「スポーツ基本法」として制定されました。これらの計画や制定によって，国民を一つにするという戦後から続いてきた復興とスポーツの伝統に，新たに「楽しい」という要素が付け加えられ，現代においては新しい意味合い「笑顔」が生まれてきたと感じています。

3　2020年東京オリンピック

3.1　招　　致

　東京都は，2016年のオリンピック・パラリンピック招致に150億円もの大金をつぎ込んで失敗をしました。しかし，東日本大震災からわずか4カ月後，2020年のオリンピック・パラリンピック開催地へ立候補することを表明しました。当時は復興がなかなか進まず，福島第一原発事故の収束も見通せない中，多額の費用をかけてオリンピックを招致すべきなのか，なぜ被災地でなく東京開催なのかなど疑問に思っている人，反対をしている人が数多くいました。しかし，「今，ニッポンにこの夢の力が必要だ」とスローガンを掲げ，当初は国民の支持率が低かったものの，スポーツの力によって何か変わるのではないかという期待へと国民の意識も少しずつ変化していきました。

　正直，招致活動は，震災からの復興というものを前面に出したものと震災にあまり触れないよう隠していたものとが二分していたように感じました。そんな中，招致活動の最大イベントであった最終プレゼンテーションでは，被災地出身でパラリンピアンの佐藤真海さんがトップバッターを務めました。骨肉腫により足を失い絶望からスポーツによって救われたこと，震災によってまた絶望に突き落とされたこと，そして，震災によってスポーツの持っている真の力を目にしたことなど感動を呼ぶスピーチを行いました。「スポーツには，新たな夢と笑顔を育む力，希望をもたらす力，人々を結びつける力がある」佐藤選手の言葉にいままで述べてきたスポーツの力のすべてが詰まっているのではな

いでしょうか。

3.2 開催決定

「トーキョー」。

当時のロゲIOC（International Olympic Committee）会長の発表と同時に日本のオリンピック・パラリンピック招致団，また日本中が歓喜しました。2020年オリンピック・パラリンピックの開催地が東京に決定しました。開催が決定し，東日本大震災の被災地からは，「復興した姿を見てほしい」と喜びの声が上がったと数多くのメディアに掲載されていました。

オリンピック・パラリンピック開催が復興に果たす役割として，東日本大震災の被災地を応援する様々なプログラムが組まれています。「スポーツの力」が復興を後押しし，復活した東北の姿を世界に発信していくのが大きな狙いだと考えられます。

震災時には，世界からたくさんのサポートを受けました。支援してくれた世界中の人たちに復興した東北の姿を見てもらい，被災地の人たちとオリンピック・パラリンピック開催の喜びを分かち合いたいと，東北を縦断する聖火リレーが開催されます。また，震災時一時使用ができなくなった5万人収容規模を誇る「宮城スタジアム」（宮城県利府町）では，人気の高いサッカーのグループリーグが行われ，競技開催によって世界に復興をアピールすることができます。このほかには大会前のオリンピック・パラリンピック出場枠を決める各競技の予選や各国選手団の事前合宿などを被災県に積極的に誘致すること，被災地の子どもたちを観戦に招待することなど復興に向けてたくさんのプログラムが盛り込まれており，このオリンピック・パラリンピックの開催によって復興への加速が早まると感じています。

3.3 開催と復興

実際，オリンピック・パラリンピックに使われるお金や人の問題は，招致活動をする上で多くの話題となっていました。競技会場が集中する東京は，コンパクトな開催計画と高い輸送力，そして4000億円の積み立てなど高い開催能力をアピールし，招致合戦のライバルであったイスタンブール（トルコ）やマド

写真3　東京五輪決定，歓喜の瞬間（GooニュースHPより）

リード（スペイン）を退けました。しかし，お金や人のエネルギーを被災地に回した方がよいという開催反対の意見は，当初から数多くあり，開催が決まった現在でも被災地の多くでは，不安を抱いているのではないかと思います。ただ，スポーツの持っている力を考えたらオリンピック・パラリンピック開催が日本に大きな影響を与えることは間違いありません。特に「スポーツの力」によって東日本大震災をもう一度見直す機会にしてもらいたいと私は思っています。東日本大震災から4年が経ったいま，震災への関心や復興への意識は正直薄らいでいると感じます。こういったことを「風化」という言葉で表しますが，実際にはまだまだ苦しんでいる人たちや「笑顔」を取り戻せない人たちがたくさんいるのです。決してこのような大災害の記憶を「風化」させることなく，日本でのオリンピック・パラリンピック開催を契機に，人々に伝えていくことが私たちスポーツに携わるものの使命ではないかと強く感じています。そして，何より被災した人たちに数多くの「笑顔」を生み，早く「活力」を取り戻してもらいたいと願っています。

3.4　放射能問題

　安倍総理は，オリンピック・パラリンピックの招致における最終プレゼンテーションで，放射能問題について「私が安全を保障します。状況はコントロー

ルされています」と発言されておりました。本当に安全は保障されるのでしょうか。

　震災直後，被災地では，運動する場が避難所となり，放射能の影響により屋外での活動は制限されるという苦しい状況が続きました。特に，福島県の子どもたちは，時間が経っても外での活動が許されず，かなりのストレスを抱えていたはずです。2012年には，福島県内の小学1年生から高校3年生の児童生徒を対象に東日本大震災後初めて実施した体力・運動能力調査が公表されました。福島県の男子は女子よりも体力低下が顕著で，全学年で全国平均を下回りました（福島県教育委員会）。また，文部科学省のデータによると，福島県の小学校5年生における体力・運動能力は，震災前の2010年と震災後の2012年を比較すると，男子は全国32位から45位，女子は全国19位から30位と大幅に順位を落とす結果となりました（文部科学省）。これはやはり原発事故に伴う屋外活動制限の影響を受けたと考えられ，特に外で活動する機会の多い男子ほどその影響を受けたと考えられます。

　このような子どもの体力問題やいまだ避難所での生活を余儀なくされている方々の問題があるにもかかわらず「汚染水による影響は福島第1原発の港湾内の0.3平方キロメートルの範囲内で完全にブロックされている。近海でモニタリングしているが，数値は最大でも世界保健機関（WHO）の飲料水の水質ガイドラインの500分の1だ」と世界の人々に伝えました。そして最後に，「健康問題については，今までも現在も将来も全く問題ないと約束する」と自信を持ってプレゼンテーションを締めくくりました（sp.mainichi.jp）。日本の復興に力を与える2020年の東京オリンピック・パラリンピックを安全に，そして安心して迎えるためには，この放射能問題は避けて通れません。一般の人々に寄り添いながら，放射能理解について考えてきた岡田先生にどうすればよいのか尋ねてみることにしましょう。

第3講

長年放射線教育活動と放射能測定をしてきた人間が，その時何を思い，どう行動したか

岡田　往子

1　はじめに

　1954（昭和29）年に生まれ，1960年代に育った私が「スポーツ」という言葉を聞き，連想するのは「野球」「相撲」「プロレス」「ボクシング」などテレビで映し出されるプロのものです。体を鍛えるのは学校の「体育」，それ以外はすべて「遊び」と考えていました。北海道生まれということもあり，冬はスキー，スケートがさかんでしたがやはり「遊び」という感覚でした。そして椿原先生が提示したキーワード「希望」という言葉は，あの時代も，まさに，スポーツと結びついていたと言えるでしょう。スポーツがどんどん身近になる火付け役は野球では王選手，長嶋選手，相撲では大鵬関，柏戸関，そして1964年の東京オリンピックでした。女子体操チャフラフスカのV字倒立のウルトラCという言葉を知って，よく真似をしたものです。その頃から，スポーツは国民に身近なものになったように感じます。

　男子サッカーが銅メダルを獲得した次のメキシコ大会後にはサッカーをする男子が増えたと記憶しています。女子では一足早く，1959年の美智子妃殿下（現皇后）のミッチイブームでテニスが憧れのスポーツになりました。国民がスポーツに目覚め，それを支えるシステムや余裕が少しずつ生まれた時期，高度成長期に向かう時期から，私たちはいまある多くのものを手中に収めてきました。これはひとえに敗戦から上がろうとした国民全体の力がもたらしたと私は

39

いま，考えています。そして，それが私が育った時代です。

　私は本講で敢えて個人的な経験を述べながら原子力を考えてみたいと思います。なぜなら，ごく身近な出来事を，率直な感情とともに，真剣にじっくり考察していくことこそが，とりわけ原子力研究のフィールドでは必要とされていることだからです。学問にとって大切なことは何なのか，皆さんと一緒に考えていきたいと思います。

2　敗戦は何を感じさせたか

　私は北海道札幌市の出身でまさしく戦後復興期に育っています。いま思い返すといたるところに戦争を感じるものがありました。父は敗戦直前に兵隊に召集され南方で捕虜経験者，母は樺太からの引揚者です。父が酔うとよく「軍歌」を歌います。酔って押しかける人たちからは生々しい戦争経験談が聞かれ，テレビからは戦争で離ればなれになった家族の再会の話が流れてきます。家の近くには陸軍の施設跡があり，旧弾薬庫のそばを通って学校に通いました。

　父は南方から帰還する船が渥美湾に入った時，本土に帰るとアメリカ兵がいて，彼らに兵隊だと分からぬようにと，軍服の階級章をちぎって海に捨てさせられたそうです。南方に向かう時に見えていた名古屋城は焼け落ちていたのを鮮明に覚えているそうです。焼け野原になっていた日本を見て，日本人はどう感じたでしょうか。敵国アメリカ，そのアメリカが戦後は物資を補給してくれ，その力を感じたと同時に力のない国日本を強く感じたと思います。

　その時日本人の多くは，「日本を復興しよう」，「外国に負けない国力を持とう」と考えたのではないでしょうか。その原動力が「高度成長」へとつながったのだと思っています。エネルギーや資源のない国を「強い国」にするにはどうしたらよいか，まず確保したいのはエネルギー問題だったのだと思います。

3　昭和29年北海道に生まれて育った人間が感じた原子力

　私は東京都市大学（旧武蔵工業大学，以下「本学」）原子力研究所に勤務するまで，日本人が電力源としての原子力を受け入れないという問題を考えたことも

ありませんでした。さらにその理由を原子力研究者のほとんどの人が「放射線アレルギー」としていました。一方で本当に一般の人たちは「放射線アレルギー」から原子力発電を受け入れられないのか，私は納得がいきませんでした。原子力推進派の方便のように聞こえてならなかったのです。原子力推進の立場を取っている人たちを見ると「被爆国だから，日本人には放射線アレルギーがある」と言って，そのことを原子力発電を一般の人々が受け入れることができない理由として使い，そこから一歩も出ていない感じがしたのです。

　さらに，彼らが名づけた，日本国民の「放射線アレルギー」状態に対し，「一般の人たちは知識がないから」と言って，真剣に取り合う様子はありませんでした。一方で，研究室での雑談の中では，自分の子どもが娘ばかりだと「放射線を使った実験をたくさんしたから」だと言い放つ人もいました。その研究者の姿に，誠意ある研究者と言うのかと疑問を感じていました。放射線教育が実施されていないことに対しても，国を動かすこともしないで，ただ「知識がない」という言葉で片付け，手をこまねいている推進派に対して，違和感を感じていました。日本の教育水準は非常に高いことは言うまでもないことですが，推進の人たちのエリート意識から生まれる一般の方々との乖離を感じました。

　それにしても私自身が原子力について放射線アレルギーを感じず，原子力発電にむしろ期待していたことについては，非常に不思議だと感じていました。これは私だけのことか，私が育った時代によるものかを確かめてみたいと思い始めました。

　私がまず始めたことは，1995年にエネルギーを考える女性の団体（WEN：ウィメンズ・エナジー・ネットワーク）に入り活動しました。2001年に20歳以上の女性を対象とした「放射線アンケート」を実施しました。配布数は1419，回収数833のアンケートでは「放射線」という言葉を聞いた時，「怖い」イメージを持つという人が約8割という結果が出ました。歯医者でも，胸の健康診断でも放射線の恩恵にあずかっているにもかかわらず，「怖い」と感じているのです。「空港での手荷物検査では放射線を使っている」の項目には80％以上よく知っている，または聞いたことがあると答えていますが，「日常に食べたりしている牛乳，米，コンブなどの食品に放射線を出す物質が含まれている」と

いう質問には，50％がよく知っている，聞いたことがあると答え，「注射針など医療用器具の多くは放射線滅菌法が使われている」に対しては36％がよく知っている，聞いたことがあると答えています。2011年までは学校教育でも放射線について学ばないことに原因はありますが，自然放射線が身近に存在し，人工放射線も診断・治療・殺菌滅菌など医療をはじめ工業製品や品種改良にも使われ，欠くことができない技術になっているにもかかわらず，「放射線アレルギー」という言葉で集約され，別世界のような扱いをされ国民が知ることができない状態に置かれていました。

そうであるにもかかわらず，「一般の人たちは知識がないから」と片付けてしまう原子力体質は，許せないことでした。WENはそのアンケート結果を受けて，放射線知識普及活動を一般女性向けに始めました。私はちょうどその頃から，小学生中学生向けの放射線教室を外部から依頼され始めました。

4 原子力関係に携わって——女性と原子力研究

1981年11月に旧東京水産大学の教授の勧めで，本学の前身武蔵工業大学原子力研究所の技術員として，何の抵抗感もなく就職しました。いまにして思えば，「放射能を使うなんて」という声もあったかもしれませんが，まったく気になりませんでした。その頃，環境分野で力を発揮していた中性子放射化分析が私の主な仕事になりました。現在，微量元素分析は誘導結合プラズマ質量分析装置 (ICP-MS) が主流ですが，その頃は微量元素分析と言えば，原子炉を利用した中性子放射化分析が力を発揮していました。当時，このような実験ができる研究用原子炉は限られており，京都大学の京大炉，立教大学の立教炉，本学の武蔵工大炉，日本原子力開発機構のJRR-2, JRR-3M, JRR-4, JMTRでした。武蔵工大炉は，川崎市内という便利な場所でもあり，東京工業大学が窓口となり，全国の研究者に実験ができる施設として活用されていました。

武蔵工大炉のような小型の研究用原子炉は運転中も原子炉の上で作業もできました。本学の原子炉は女性が運転員という珍しい施設で，研究者たちは男性ですが，基本的な機器操作などは皆女性たちが行っていました。毎日9時過ぎに原子炉運転前点検が行われ，10時には100kWの出力に到達し，5時間運転

を5日間行っていました。その間運転員は制御卓を離れることはできませんでした。運転員も私もこれらの仕事のほかに，原子炉の日常に行われる業務や放射線管理の仕事などもこなしていました。当時，女性運転員は3から4名，私と同じ仕事をしていた女性は2名でした。女性の多い職場でしたが，放射線量を気にしたり，抵抗感のある人たちはいなかったと記憶しています。

　私が業務に入った2年前の1979年には，アメリカスリーマイル島の原子力発電所の事故，その後，1986年にソ連チェルノブイリ原子力発電所の事故が起きました。対岸の火事のように，「ソ連だからかなあ」などと思いながら，本学のまわりやその他の環境や輸入品などの放射線を測定していました。

　ところが，まだチェルノブイリ原子力発電所の事故の記憶が褪せていない1989年に本学の原子炉がタンクの水漏れ事故を起こし，それ以来原子炉は停止しました。

　水漏れを起こしてから，今後どうするべきかという議論がさかんに行われました。私たち女性はその話し合いに参加できる職種ではなかったのですが，1度だけ全職員に意見を求められたことがあり，私だけが原子炉を「廃炉」にする提案を出しました。廃炉の理由は，本学の原子炉の有益な特徴として挙げられる「脳腫瘍などの中性子捕捉療法」は，施設を貸しているだけで本学の研究者がメインではないこと，年に10回程度の治療で一私学の原子炉が成り立つのかどうか，さらにもう1つの特徴として挙げられた中性子放射化分析の有用性については，その当時現在主流となったICP-MS（誘導プラズマ質量分析装置）が比較的安くなり始め，その分析方法も確立され始めてきたところで，もはや微量元素分析の座を明け渡す時期にきていたことでした。廃炉提案したことで，結果，私はお叱りを受けたのですが，その話を当時東北大学で研究指導をしていただいていた先生に話したところ，廃炉という考えも出てくる組織は健全だと思うと誉めていただいたことを記憶しています。結局再開の目途は絶たれ，19年経った2008年に廃炉を決断し燃料をアメリカの製造元に返還し，それ以来，法律上廃止措置中の原子炉という状態が続いています。

　私は原子炉が水漏れ事故後，第3節で述べたように，放射線アレルギーの疑問を解決するためにアンケート調査などのボランティア活動をすることになります。また「小学生向けの放射線教室」を原子力推進関連団体から委託される

ことが増えて行きました。

　その頃は「放射線教室」は原子力推進のための広報活動として位置づけられていましたが，私は理科離れを食い止め，理工系に興味を持ってもらえることが，原子力の人材を増やし，ひいては安全を担保することになると思っていました。

　文部科学省は女子中高校生への理工系進路支援事業を開始した時期で，私は原子力学会としてこの事業に採択され，女子高校生への放射線を利用した物理教育を展開しました。その中でアンケートを実施し，女子は明らかに物理が苦手という結果が出てきました。その頃読んだ本『科学力のためにできること』には「物理学は依然として，いろいろな意味で一般の人たちにとって最も近づきがたい科学である。高校で正規の物理学課程を履修する人はごく限られるが，その主な原因は，アメリカの高校のカリキュラムにおいて，物理学が科学の中で最も高度なものと見なされているところにある。……女性とマイノリティの学生は物理学を履修する率がさらに低くなる」と書かれており，さらに「一方，生物学に関しては，高校卒業生の90％以上が修了しているが，学生たちは，生物分野の新しい重要な考え方や概念を理解しているとはとうてい思えない。というのも，その大半は化学や物理学で学ぶ知識をベースとするからだ」と述べています。その通りで，最先端の研究をしようと思えば，物理学の知識は必ず必要となります。レオン・レーダーマンはその結論から，「「まずは物理学から」という運動を始めた」と書かれていました。

　この本に勇気を貰い，私も「難解な勉強」とされがちであることから脱却することを目的に，放射線の通った跡を可視化する「霧箱」を工夫して物理教育を進めていこうと活動をしました。そのような活動を通して，日本で「霧箱」製作の第一人者であります戸田一郎先生とも知り合いになり，直接指導を受けることができ，ネットワークも広がっていきました。

　それが3.11以降も大きな力となっていきます。レオン・レーダーマンの「物理学が科学の中で最も高度なもの」という言葉は，原子力分野の人たちに内在する意識と妙にシンクロしてしまう所があり，高度な学問をしている人間が謙虚さを喪失することにつながっていくのだと思います。原子力分野のエリートが陥りがちなのは，高度なことを知っている，高度なことをやっているという

過度な自負です。他の人には分かりづらいことがプライドの根拠であるにもかかわらず，そこで一旦ことが起きると「他の人は分かっていない」と責任転嫁をして片づけることができてしまうのです。このあたりのことは，3.11以降に，高度な学問をしてきた人たちに露呈する論理と同じです。

5　福島第一原子力発電所事故後の活動

3.11東日本大震災が起きたその日から，テレビに釘づけになり，自然災害の恐ろしさを知り，そして，人間のつくったものが自然の力に到底かなわないのだということを知らされました。「強いもの」から逃れるために「より強くすること」のむなしさを味わいました。その後の原子力災害，爆発の瞬間は衝撃が走りました。こんなに脆く崩れ去る構造物，誰もが人間の力のなさを感じたと思います。そして，東電，国の対応で次々と現れる高度な学問を習得してきたとされている人たちの姿，そこまで牙城をつくり上げてきた日本という国への怒りを感じざるをえませんでした。

一方でそれまで感じていたエリート像へのかすかな不信感は現実となり，さらに大きな不信感となってしまいました。分をわきまえるとか，身の丈にあった行動といった表現は，一般的に，役職の低い人や能力がまだ足りない人に対して使うものですが，私はエリートと言われる人たちにこそ使うべきだと思います。能力のある，高度学問を習得した，地位により高額な報酬を得ている人には，その分をわきまえ，身の丈を十分知って行動してもらいたかったと思いました。同時に，身の丈の小さな自分の力のなさを痛感し，身の丈の大きな人たちに任せておけない，いま私は動かなければならないと思いました。

5.1　できる支援　測定器の復活

何をどう動いていいのか分からない状態で3月末を迎えていた頃，いわき市在住の卒業生からの「息子の野球場の放射能測定をしてほしい」という電話を受けました。彼の息子は少年野球チームに入っていて，グラウンドが使えなく，山形まで練習に行っているというのです。放射線の知識のある卒業生ですから，どの程度なのか判断したいので，土壌を測定してほしいということでした。早

速，土壌を送ってもらいました。当時，私は放射能分析ができ，自由に使える Ge 検出器を持っていなかったので他の先生に頼み込んで分析結果を出してもらいました。それほど高い値ではなかったのですが，とは言っても福島第一原子力発電所から放出した放射性ヨウ素（半減期8日）や放射性セシウム（半減期2年と30年）が検出されました。このことがきっかけで，福島県の小・中学校は放射能測定が必ず必要になると実感し，いま私にできる支援は「放射能を測定し，数値を提供すること」と確信しました。

　すぐに始めたことは，第1に，初等中等教育に実験機材を販売している理化学メーカの方に連絡を取り，趣旨を伝え，福島県内の小学校を紹介してもらうことでした。この方は前述した「放射線教育を考える仲間」をつくる火付け役になった人です。また，3.11前に，私を霧箱の大家戸田一郎先生と引き合わせ，その後2009年文科省原子力人材育成事業原子力研究促進プログラム「大学生のための霧箱を活用した放射線学習プログラムの開発」が採択され，戸田一郎先生と実施するきっかけをつくっていただいた方です。彼の紹介でいわき明星大学の先生とつながり，そこから，小学校の校長先生へとつながっていきました。

　ところが，5月頃その動きが急に止まった時期がありました。大学にも文科省から通達がありました。「大学の研究者が単独で動くことをしないように」というような内容だったと思います。これには非常に怒りを覚えました。放射線や放射能の専門家が動かないで誰が動くのだと，この通達で，現地の小学校も動きを止め，指示待ちになったのです。私にとっては，逆にこの活動を止めないと強く決心した通達でもありました。

　第2の対応策として，土壌採取のため，採取用シャベル100本，測定用容器（通常U8容器と呼びます）500個を確保，ウェットティッシュ100個，ポリ袋，それらをセットにして入れる容器などを用意し，動き出したらすぐに郵送する準備を整えました。

　第3に行ったことは，本学の原子力研究所にある測定器の復活です。当時，原子力研究所には4台のGe検出器が動いていました。いずれも研究や学生実験用，管理用で，福島支援には使えないものでした。また，測定試料を手動で交換しなければならず，これから福島で分析をこなすには手動では限界がある

と感じていました。原子炉が動いていた頃に使っていた多数の試料を自動交換できるサンプルチェンジャが2台ありました。さらに，Ge検出器も長い間使っていないものが2台ありました。これも修理すれば使えるのではないかと考えました。Ge検出器を設置する遮蔽体も5台使っていない状態で保管されていました。これらをどうにか活用すれば，本学で福島支援が可能になります。

　しかし，先立つものがありません。そのための資金として，民間企業や科学技術振興機構のファンドに応募しましたが，不採択に終わりました。私の気持ちは収まらず，文科省に直訴しようと決心しました。当時Ge検出器が動いているどこの施設も，測定試料でいっぱいで，交代で昼夜試料測定をしていた頃です。私たちの施設が活用されれば，福島の復興につながると信じ，3.11以前に外部審査員した担当官に要望書をメールで提出しました。担当官からすぐに電話連絡があり，「文科省は一私学に支援することはできませんが，他の機関に話してみますのでもう少し待ってください」という内容でした。間もなく，日本原子力研究開発機構（JAEA）から測定器を見せてほしいという連絡がありました。その結果，2011年12月に2台のサンプルチェンジャ付遮蔽体とGe検出器が復活を遂げたのです。

　藁をも掴む思いで訴えた気持ちが通じ，文科省の担当官とJAEAには大変感謝しています。このことにより，その後の楢葉町周辺の森林調査や河川流域の調査，現在行っているダム水調査が可能となり，私ができる「放射能を測定し，数値を提供すること」が可能になりました。

　私がいま残念に思うことは，当時，本学の何人もの先生方がそれぞれ福島や他県，東京などの放射線測定，放射能測定を実施していました。しかし，単独の動きで，それをまとめ，大学としての動きにならなかったことです。近畿大学や金沢大学では，トップダウンで福島支援の号令がかかりました。そういった動きにならなかったのは残念でなりませんし，私自身にそういった力がなかったことが悔まれます。東日本大震災と福島原子力災害は，大学を挙げて支援するような出来事だったと思っています。さらに，原子力教育の十分な経験を持つ大学であること，原子力安全工学科を持つ大学であること，原子力・放射線の専門家を有する大学であることから考えると，大学として活動することができなかったことが悔まれてなりません。

5.2 いわき市幼稚園の除染活動への支援

　いわき明星大学の先生からの連絡が入り，やっと福島県内の小学校に行くことができたのは，6月に入ってからでした。市教育委員会の方の案内で，30km圏内にある久ノ浜第二小学校（福島第一原発から約28km地点）と四倉小学校と第一幼稚園（福島第一原発約35km地点）に案内されました。その頃はすでに放射線測定は定期的に教育委員会が実施しており，土壌の放射能測定結果も業者に委託されて，測定値も持っていました。ただ，測定料金は一検体3万円，さらに業者から教育委員会が受け取るデータは，測定結果が無機質に羅列されているだけで分かりづらいものでした。この時も大学として支援できるのではないかと強く思いました。

　採取した土を各場所で数点分析をした結果，久ノ浜第二小学校の校庭の空間線量は0.1〜0.2μSv/hの範囲で土壌は900〜1800Bq/kgでしたが，35kmの四倉第一幼稚園の空間線量は0.2〜2μSv/hの範囲で土壌は1300〜3000Bq/kgと30km圏内より高めの値がでました。同日，いわき明星大学校内では，空間線量は0.07〜0.1μSv/hの範囲で土壌は500〜1600Bq/kg，一方，本学の世田谷キャンパスでは空間線量は0.05〜0.07μSv/hの範囲で土壌は200〜300Bq/kg程度でした。

　当時，久ノ浜第二小学校は30km圏外の学校の校舎を間借りし，生徒たちは毎朝圏内の自宅から圏外に登校して勉強をしていました。教員も生徒も他校で居心地の悪さを感じていると言っていました。校庭では除染業者が1.5mくらいまで土壌を掘り，ビニールシートを一面に敷き詰め，表面土壌を深く埋める作業を開始していました。名古屋方面から来ているという業者の社長らしき人に話しかけると「除染はわたくしどもに任せてください！」と威勢のいい応えが返ってきました。その時点で放射性セシウムが土壌の表面に吸着していること，表面を削るか，表面とその下の土の交換が必要であることは業者が知っていたかどうか分かりません。ただ，1.5mまで深掘する必要はなかったのですが，一校庭を1000万円くらいの費用で実施していました。後に久ノ浜第二小学校の校長に伺った話では，ビニールシートを敷いたことで，水はけが悪くなり，グランドとして使えなくなったそうです。その頃，福島県内に放射性物質がどう分布したかについては，まだまだ分かっていない状態で，同心円で避難

48

地域を区別していました。30km圏内にある久ノ浜第二小学校より35km地点の四ツ倉第一幼稚園の数値が高いことなどから，原発からの距離に関係なく放射性物質が分布していることが推測できました。

　四ツ倉第一幼稚園が原発の反対方向に森林があり，森林の中はさらに放射線量が高いことから，森林がフィルターとなり放射性物質を捕獲して，一部雨や風で下の落ち葉や土壌に付着したことが考えられます。森林は小高い丘になっており，樹木の多くは杉で，樹木の高さは高いもので約23mでありました。丘を削って幼稚園が建てられ，森林側に遊戯室が位置しています。四ツ倉漁港が栄えていた頃は100名近い園児が通っていたと話してくれた保育士さんは，津波に巻き込まれ近くにあった木材にしがみつき助かったというという方でした。保育士さんたちは「掃除しても掃除しても，放射線量が低くならないのです」と訴えていました。2011年，まだ原子力に関する知識も不十分で，掃除ではぬぐいきれない放射線と放射性物質の区別がつかないまま，ただ子どもたちが早く戻ってきてほしいという一心で，彼女たちは仕事をしていました。

　6月初めから6月末に，どの部屋も空間線量が少し高くなる傾向が観察されました。その原因として，梅雨の影響で，森林に付着した放射性物質が雨により，微量ながら移行し，園舎に近づいたのではないかと思います。8月になって，久ノ浜第二小学校と同じように園庭の土の入れ替えが行われましたが，一向に線量が下がらず，園舎から10m離れたところまで森林伐採を行いました。その結果，遊技室で6月に1.7μSv/hあった空間線量が，9月で1.2μSv/h前後まで下がりました。その後も横ばい状態で推移し，子どもたちが戻ってくるレベルには達しませんでした。

　私たちは隣接する森林からの影響を調査するために垂直方向での空間線量測定を検討しました。緑の多い福島では，今後，このような環境に根ざした，安価で手軽に測定できる方法が必要だと考え，風船を使った方法に辿り着きました。戸田先生からすぐにヘリウムガスの容量と風船の大きさ，線量計の重量などの実験計画が送られ，11月に実施しました。ポケット線量計（約50g）を地上から0，10，15，20mの位置に取り付け，ジャンボゴムバルーン（約173g）を教育委員会，四倉幼稚園の保育士，戸田一郎先生とご子息など多くの方々の協力のもと上げ，積算線量の測定をしました。いわき市内は海風が強く，予想以上

にバルーンが流されましたが，何とか3時間上げることに成功しました。結果は10，15，20mの位置で3時間積算線量がすべて2μSv，地上の線量は0μSv（この測定器では，測れない数値であるという意味での0という値）となり，地上高い位置で放射線量が高いことを誰もが認識した瞬間でした。現地の人と協力して，福島復興をしていくことが福島の力になると思いました。そのためには，支援する人たちも福島の人たちの中に入っていくことが大切です。

5.3　福島原発事故以後の放射線教育活動

　2011年度から2013年度までの放射線教育活動は日本原子力文化振興財団（現日本原子力振興財団）からの依頼も含め60カ所以上で実施しました。対象は，小学生1年生から中学3年生と小中学校教諭，さらに一般の人と広い範囲になりました。

　地域も福島，東京，静岡，愛知，岐阜，新潟，群馬，栃木，神奈川，埼玉，千葉，山梨などで行いました。大人対象の場合，地域での大きな差を感じました。一定程度の方々は，原子力反対ということと結びつけた考えをぶつけてきます。静岡は3.11以降，茶葉から放射性セシウムが検出されたと大騒ぎになったこともあり，2年半経った頃でも茶葉や魚や海の汚染について質問があり，被災地以外の県の測定を実施してほしいという要望が上がりました。私は，「まずは被災地での活動が優先です」と話しますが，それでは納得いかないようです。私は放射線について説明する役としてそこに立っていることは分かっていても，国や県への要望が次々と挙げられる場面に何度も遭遇しました。山梨は震災直後の7月に行った時は，地元の方々は同じ桃の産地として非常に心配されていました。

　どんな年齢の方でも自分の体のことを心配され，体への影響と食物への影響に関心が集まります。自然界にも放射線を出すものが多く，飛行機に乗れば日常よりも多く受けてしまいます。避けては通れないものなのですと私は説明しました。お年寄りほど，胃のレントゲン検査やCTなどで放射線に恩恵を受けているのですが，そのこととこのことはやっぱり違う，たとえ同じ種類の放射線でも，地元の方々からすれば，自分が自ら進んで受けているものと，選んでもいないものから受けているものとは別物なのです。

数値や単位を理解するのが理解の一歩ということで，Sv，mSv，μSvを伝えます。1000ずつ低くなっている量ですが，にわかには理解できず並んでいる数字に目が行きます。4Sv受けると死にます。しかし，私たちは世界平均で，4Svの1/1667の2.4mSvを年間積算して受けています。1時間では0.27μSv受けていることになります。直後から1年くらいまでは，放射線の基礎知識を並べる立てる時期が続きました。

　このような正しい知識や情報が必要ということになると，四方八方から手を変え品を変えて情報が流れます。情報も氾濫し，交通整理役もいない，聞き手は疑心暗鬼になってしまいます。聞き手は「大丈夫」と言ってほしい，しかし，分かっていないことがたくさんあり，また低線量の人体への影響は分かっていない。科学はダークマターと同じで，分かっていないことだらけなのですと言いたくなります。しかし，3.11以後の1年は，そのようなことは口にすることができませんでした。まず，基礎的な放射線知識を伝えることに終始しました。聞き手の本当の要求は「大丈夫」と言ってもらいたいのだと思いつつ1年が過ぎていきました。

　私の話を聞いて，ご自分で判断してほしいということを1度だけ言ったことがありました。千葉県だったと思います。その時，男性の方に「判断するのは国だろ！」とお怒りを頂戴しました。その男性の言わんとすることも分かりました。その頃1mSvで揺れていた頃だったのです。

　震災2年目くらいから，講演会などに来られる方の中に理解しようという人たちが増えてきたように感じます。放射線利用についても少しずつ情報がいき渡り始めたような気がします。しかし，子どもを持つお母さんの心配は，なかなか払拭できるものではありません。

　3.11直後に，原子力関係の年配の男性がテレビで，わが家の孫は平気で野菜も食べているなどと発言したのを覚えていますし，原子力関係で長く仕事をしている女性もご自分の孫はまったく気にせず牛乳を飲んでいるとおっしゃっていました。私は怒りを感じました。お母さんたちは，食品一つ取ってもこれは子どもに良いのかなど，自らの記憶を遡って小さなことにも悩みながら，妊娠した時からずっと悩んできたではないかと思うのです。そのお母さんたちに「そんなの大したことない！」などの言葉で片付けるのは，あまりに子育てを

馬鹿にしていると思うのです。お母さんたちは，ただ子どもたちと一緒にいる
だけではなく，子どもたちの様子をつぶさに観察し，仮に言葉にはできなくと
も，その変化を感じ取っているのです。基礎的な知識や学問があろうがなかろ
うが，自分が子どもを見る立場，家族の食を選ぶ立場にいる母親は子どもを身
ごもった時点から放射線以外でも，外敵から子どもを守ろうとする本能があり
ます。ほんのちっぽけなことも逃さず子育てをしているのです。表面に出た放
射線問題に神経質にならないわけはないと思います。私たち原子力研究者がい
まできることとは，機会あるごとに説明をし，触れることで，心配を少しでも
小さくするよう努めるしかないと思っています。

5.4　子どもへの放射線講演会

　原子力振興財団からの依頼の多くは，教材のテキストに文科省で作成した放
射線副読本を用いていました。テキストの目次（小学生用）には，素朴な視点が
項目として並んでいます。「放射線ってなんだろう？」「放射線はどのように使
われているの？」「放射線を出すものって，なんだろう？」「放射線を受けると，
どうなるの？」「放射線は，どうやって測るの？」「放射線から身を守るに
は？」というように，基本的な情報が分かる構成になっています。

　私が子どもたちに説明する時間は多くの場合90分間です。小学生の子ども
たちは45分フルに話をすると途中で集中力がなくなります。また，たくさん
の情報を一度に詰め込むことで子どもたちが放射線の話自体が嫌になる心配が
あります。私は3つの話をします。放射線は自然界にあること，いつも放射線
を受けていること，たくさん受けると病気になるけど自然界で受ける量と同じ
くらいなら大丈夫という話です。これらを，宇宙が誕生した時の話と元素の話
などの題材から解説していきます。

　福島県では独自に平成24年8月に指導資料がつくられ，実施しています。た
だ，実際には放射線に関して教員も生徒に指導するまでには至っていません。
そのため，各地で教員を集めて研修会を開いたり，出前授業を実施したりして
いるのが実態のようです。小学1年生に「放射線」の話をすることもあります
が，数字を読むことがやっとな子どもたちに「放射線教室」をしなければなら
ない現実があります。その中で学ぶ子どもたちは，年齢にそぐわない話を聞く

ことになりかねません。結局のところ「保護者や先生の言うことを聞きなさい」ということになります。子どもたちが，毎年放射線の授業を受けるというのは，繰り返しの効果もありますが，知ったつもりになり，後の学年での話を聞かなくなる恐れもあり，結局何も身につかないということにもなりかねません。

　科学を学ぶ目的は何でしょう。このへんで真剣に考える必要があります。科学者になる少数の人たち以外が科学を学ぶ意義を見詰め直す必要があります。放射線も科学も同じで，「考える習慣・考えて判断する」力をつける方法でよいと思います。そのことに基本を置けば，どんなことにも対処でき，科学にも興味を持てるのだと思っています。

　さらに，私は小学生の時代に，身につけなければならないことがあると思います。私が毎回，出張授業の終わりに言うことは，『鉄腕アトム』の主題歌の歌詞に「心やさし，ららら科学の子」という部分です。私はこの歌詞を「心やさしくなければ，科学をやってはいけない」という意味だと思います。この解釈に自信を持ったもう1つの本があります。ルーシーとホーキングが書いた『宇宙への秘密の鍵』の中でジョージがエリックとの会話の中で読み上げる，科学者の誓いの言葉です。

　「わたしは，科学の知識を人類のために使うことを誓います。わたしは，正しい知識を得ようとする時に，だれにも危害をくわえないことを約束します……」

　会話は続き，ジョージは残りの文を読み上げます。

　「わたしは，まわりにある不思議なことについての知識を深めようとする時，勇気を持ち，注意をはらいます。わたしは，科学の知識を自分個人の利益のために使ったり，このすばらしい惑星を破壊しようとする者にあたえたりすることはしません。
　もしこの誓いを破った時は，宇宙の美と驚異がわたしから永久にかくされてしまいますように」

この宣誓こそが，現代の科学者の基本的な約束事であると，子どもたちに伝えています。

　2011年夏頃，福島高校スーパーサイエンスハイスクール（SSH）の活動を新聞記事で知りました。汚染土壌の除染活動をしている女子高校生の顔は，真剣そのものでした。その顔に心打たれ，すぐに連絡を取たのがきっかけで，担当教諭とつながりました。秋のゲリラ豪雨の中，長靴を履いて本学にやってきていただけました。当時，学校に1台しか測定器がないことが分かり，貸出しました。さらに，土壌の核種分析をしたいとの希望で，12月26日，27日に本研究所に高校生が来て，生徒自ら測定を行いました。彼らは将来科学者になるかもしれない子どもたちですが，考える力を同時に身につけた子どもたちです。

　2013年の12月に原子力振興財団の依頼で放射線教室を福島県田村市立芦沢小学校で実施しました。全校生徒が70名くらいの学校です。放射線教室を終えた後に，当時5年生の子どもたちから，質問に答えてほしいと言われ教室に行きました。そこには模造紙3枚にいっぱい書かれた疑問，自分たちで解決できなかったものに丁寧に答えていきました。その子どもたちの1人が2014年8月に開かれた田村市少年の主張大会で最優秀賞を受賞しました。タイトルは「夢の情報発信者に」で，次のように書かれていました。

　　ぼくは，去年，5年生の時に，総合学習で，放射線について調べる活動をしました。僕たちの住んでいる福島の放射線汚染の現状や放射線から身を守り方，そして，放射線の有効活用についても学びました。何も知らなかった時の僕は，何がこわいのか分からないけれど，放射線が，ただただすごくこわかったです。だけど，授業で学び，JAの指導員の方や東京都市大学の先生に出会い，正しい知識を学ばせていただいたことで，そのこわさをなくすことができました。ぼくは，その活動を通して，福島で生きていくことへの希望を持つことができました。正しい情報を得ることで，人は，生きていく希望を持つことができるのではないでしょうか。……

　この言葉に尽きるのだと思います。何かを知り，そこから自分で考え，生きていく。子どもたちが，生活の礎としての知恵や知識を獲得するプロセスが何

よりも大事です。誤解してほしくないのですが，私は子どもたちの知識が「1つに定まった」ことを喜んでいるのではありません。ましてや，その正しい知識を自分が与えたことに，やりがいを感じているのでもありません。まだ幼い彼が，自分たちのできる精一杯の努力をして調べたり，一生懸命考えて質問をしたりしながら，その時点での自分が納得できる答えを見つけたことが大事なのだと思います。私も研究者として手助けをすることで，彼らのそのプロセスに立ち会えたことが嬉しかったのです。それは学問への信頼を体感することにほかなりません。彼らは，何が正しいのか時に悩みながら，そして選び進んでいくのでしょう。このことに，どう私たち大人が同じ気持ちになり，大学人として支援できるか，どう社会を変えていくかが問われているのだと思います。

6　本当に考えなければならないこと

　2014年6月に大熊町に入りました。ほとんどの住宅には自家用車が車庫にきちんと停めてあり，窓にはレースのカーテンが引かれていました。今にも車は動き出し，外の気配を感じカーテンから顔をのぞかせる姿が見られるような，そんな風景です。でも，住民はいません。3.11以前にこのような光景を想像した日本人がいたでしょうか。戻れるところには，戻ってもらいたい，しかし戻れない場所は，別の土地で元の生活に近い環境を整えてあげたいと思うばかりです。

　私が大切にしたいのは，3.11以降，放射線教育を通して感じたことと，そこで人の心と向き合うことの大切さ，原子力村にいては分からない何かです。言い換えれば今までの日本の社会が求めていた人間教育では決して育たない何か，見失われた何かをもう一度心の中から呼び戻す教育が必要です。

　また，どの地点が原点になるか分かりませんが，戦後日本が歩み築いてきたもの，秩序正しい几帳面な国民がまっすぐに見てきた社会が転換すべき時期に来ているということです。例えば，時を刻む時計は4年に1度，修正を加えなければならないように，自然の営みにあわせるには修正を加えなければなりません。自然の営みの上で生きている人間は，そのことを自覚しなければなりません。日本人は几帳面でまじめなゆえに，いつの頃からか，前例を元に前に進

めることを主としてきました。前例のないものを，積極的に取り入れることができませんでした。あるいは，その前例の積み木が，少しずつ，ずれて積み重ねられていたのではないでしょうか。教育も社会もその中で生きる私たち国民の心も時の流れの中で歪んでいってしまったと思います。原子力の安全神話はまさしく，格好の例で，安全を担っている人たちが安心してしまったのは，目指す安全に酔いしれ，歪みに気がつかなくなってしまったのだと思います。

　そして，そうした学びのためには，人間の心のありよう，つまり心理に十分配慮して行動していく必要があります。千田先生にお尋ねしてみましょう。

［コラム］　東京都市大研究用原子炉（武蔵工大炉）の歴史と原子力人材育成

　東京都市大学原子力研究所の歴史を振り返り，3.11後の原子力を考えてみたいと思います。1955年，東急電鉄社長の五島慶太氏が学校法人五島育英会を設立し理事長に就任しますと，日本の原子力利用の立ち遅れを憂慮され本学付属の原子力研究所設立を計画しました。将来，原子力発電で得た電気によって電車を動かす時代がくることを予見していたのかもしれません。1959年には原子炉設置許可を得て，1963年1月には研究用原子炉（武蔵工大炉，TRIGA-II型　100kW　米国ジェネラルアトミック社製，**図1**）が初臨界となりました。直径2m，高さ6mのアルミニウム製タンクの低部に炉心とグラファイト反射体が取り付けられており，周囲はコンクリートで遮へいされ，タンク内には軽水（純水）が満たされており冷却材と遮へい体を兼ねています。核燃料が装荷される炉心の大きさは，直径約40cm×高さ約40cmの円柱型であり，この周りを厚さ30cm，高さ56cmのグラファイトが取り囲み反射体となっています。炉心を覗く向かい合う位置に使用済燃料貯蔵プールと熱中性子照射室があります。核燃料は濃縮度20％のウランと水素化ジルコニウムの均質混合体であるため，きわめて固有の安全性が高い原子炉であり，現在でも，世界で数十基が稼働して教育研究に用いられています。わが国の原子力利用の黎明期にいち早く原子力研究所を設置し原子炉を導入して原子力技術者・研究者の育成を開始したことは画期的なことでありました。都心にも近い大学の原子炉ということもあって企業や他大学にも原子炉実験・実習に利用されていましたが，原子力利用の期が未熟であった当時の社会情勢にあって原子炉施設の運営管理は経理上大きな負担であり研究所はほどなく組織の縮小経過を辿ることになりました。この状況に鑑み，1973年に，本学電気工学科の佐藤禎教授が研究所所長に就任し，研究所の再生を図ることとなりました。学外，

図1　原子炉の縦断面

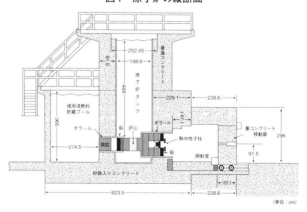

図2 ホウ素中性子捕捉療法の原理　　図3 ホウ素中性子捕捉療法の治療実績
　　　　　　　　　　　　　　　　　　　　　　　(1976-89)

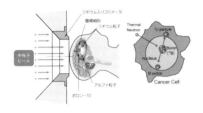

Brain tumors and melanoma

年度	照射件数	
	脳腫瘍	悪性黒色腫
昭和51	2	
52	12	
53	12	
54	7	
55	5	
56	5	
57	7	
58	13	
59	9	
60	1	
61	5	
62	9	2
63	7	2
平成1	5	5
計	99	9

Brain tumor patients

国籍	件数
日本	79
アメリカ	8
ドイツ	7
ブラジル	2
ギリシャ	1
オーストリア	1
オランダ	1
計	99

Patients age (y)
脳腫瘍患者年齢(歳)

最年少	3
最年長	73

　学内から原子力専門の若手研究者を補充し，研究用原子炉の希少性と最も都会地に近接した立地条件を生かして，3つの再生プログラム，(1)放射化分析システムを開発し原子炉を有効に活用すること，(2)医療生物用治療研究を中心に全国大学の共同利用施設として原子炉を活用すること，(3)さらなる原子力技術者の育成のために研究所を基盤に大学院を設置すること，に全所を挙げて取り組むことになりました（堀内則量「原子力技術者・研究者を育成　武蔵工大炉」『日本原子力学会誌』Vol. 52, No. 12, 787-790ページ, 2010年）。所員の頑張りもあって武蔵工大炉は原子力の利用開発の基礎研究施設として日本でも類を見ない全国大学の共同利用施設として，特色ある医療照射，放射化分析，中性子ビーム実験などの研究に使用されました。小職もその仲間の1人であり，当時から医療照射に携わってきていますので，簡単に原理（図2）と治療実績（図3）について説明します。
　図2に示すように，中性子とホウ素（^{10}B）との核反応によって出てくるα線（ヘリウム原子核）とLi原子核をガン細胞に当て破壊する治療方法です。ホウ素化合物を点滴等によって血液を介して腫瘍部に送り込み，中性子は原子炉の炉心から取り出します。細胞内でのα線等の飛程は約10^{-5}[m]（10μm）程度しかなく細胞径にほぼ等しくなります。よって，ホウ素が腫瘍細胞に集積していれば，上記の核反応によってα線等は丁度腫瘍細胞を叩き破壊することができます。これがホウ素中性子捕捉療法の原理です。武蔵工大炉では，帝京大学の畠中坦教授によって脳腫瘍の治療研究が開始され，神戸大学の三島豊教授により悪性黒色腫（皮膚ガン）の治療も加わって原子炉停止までに，脳腫瘍99例，皮膚ガン9例が行われました。約20％は国外からの患者に施療されたもので武蔵工大炉の名前を世界に知らしめ，現在は，京都大学原子炉実験所を始め，欧米やアジアでも治療研究が行われています。また，開設当初より卒業研究生の受け入れを行い，1981年には，研究所を基盤とした原子力工学専攻が開設し院生等の研究教育，原子炉運転実習に活用されました。現在巣立った学生・院生400名余りが，原子力・放射線業界で活躍しています。しかし，順調に見えた研究所の発展も思わぬ事態に進むことになりました。1989年

12月21日，原子炉停止後に照射室の熱中性子柱取り出し口下部台上に水溜りが発見されました。調査結果より原子炉タンク水の漏洩（30ℓ／日）が明確になり，科学技術庁および地元自治体の川崎市に報告されました。テレビ，新聞報道により近隣住民など30数名が研究所に事態の説明を求めて集まりました。この時以来，地元自治体や市民グループに対する説明会が行われ原子炉の再開か，廃止かが常に議論になりました。原因究明の結果，使用済み燃料プールから漏水によって原子炉タンクの低側部に小さな傷（孔食）を生じタンク水が漏洩したことが判明しました。この事故により，原子炉を研究教育に資することが困難になり，再開か廃止かの葛藤の議論は10数年続き，所員にとっては最も苦難の時でありました。学内では，財政的インパクトを中心に技術的および社会的側面から詳細に検討されました。原子炉の停止以来，所内外の研究者等からは原子炉を修復して運転を再開してほしいとの要望もありましたが，2003年5月，五島育英会理事会において原子炉の廃止が決定されました。翌年，国に提出した廃止措置計画書に添って，原子炉施設・設備の機能停止措置を終え，2006年には使用済み燃料のアメリカへの返還輸送を行い，現在は廃止措置中の原子炉として法令遵守のもと安全の確保に万全を期して保安管理を行っています。この間，東京都市大原子力研究所は，日本原子力学会から2009年に原子力歴史構築賞をいただきました。原子力の平和利用の技術開発・研究実績，原子力技術者・研究者の人材育成への社会貢献が認められたものです。2013年には武蔵工大炉の臨界50周年の記念会を開催し，廃止措置中の原子炉施設および放射性同位元素使用施設を学内外の教育・研究設備としてさらに有効活用することとしました。制御卓の原子炉運転シミュレータへの活用や，原子炉タンク，遮蔽体の放射能インベントリー調査，および使用済み燃料保管貯蔵に伴う臨界，遮へい問題並びにクリアランスレベル検認技術の開発など教育研究に使用しています。放射性同位元素使用施設の活用としては，福島第一原子力発電所で飛散された放射性物質による汚染状況調査（都市大グループ学校等）および福島支援（警戒区域等における森林・河川等の放射能調査や除染方法の効果測定等）をはじめとして，研究所を開放して，これら教育研究活動を紹介するとともに，市民への原子力・放射線のリスクコミュニケーションにも取り組んでいます。

　本学においては，中村英夫元学長のもと，2008年度に原子力安全工学科，2010年度に早稲田大学との共同原子力専攻を開設して，将来における原子力・放射線技術に関わる人材育成を積極的に推し進めてきています（松本哲男「原子力　放射線教育の現状と展望」『Isotope News』No.711，34-35ページ，2013年）。学生・院生は，原子力研究所のこうした取り組みを原子力実験実習や卒業研究，修士論文研究の場として活用しているほか，2013年度はマレーシアからの原子力研修生を受け入れました。福島第一原子力発電所事故後，国内外における原子力の人材育成は増々重要になってきており，原子力の専門家を擁する集団組織として，その役割を果たすことが益々期待されるところであり，関係者の皆様には，今後とも原子力安全工学科と原子力研究所の教育・研究活動にご支援をお願い申し上げる次第であります。**（松本哲男）**

［コラム］　東京都市大研究用原子炉（武蔵工大炉）の歴史と原子力人材育成　　59

第4講

こころのケアとソーシャル・サポート

千 田 茂 博

1 はじめに

　前講の岡田氏は長年の研究者としての経験や放射線教育，またポスト3.11以後の放射性物質の除染活動へのサポートを通して，ご自身のこころの葛藤を感じていらっしゃるように思います。大きく言ってしまうと，科学技術や科学者に対する信頼と不信のアンビバレントな感情であり，また科学の知識や情報を受け止める一般の人々のこころの問題に直面されているのです。単純に科学の知識や情報を提供していけば済むというものではなく，本当に必要なのは個人がそうした情報に対して，自分自身で考え，判断する力をいかに育んでいけるのかということではないでしょうか。人間のこころの問題は，古くて新しいテーマなのだと思います。

　私も，災害時におけるこころの問題，またそれを支える人々のサポートについて論じていきます。

2 災害時のこころのケア

2.1 対象喪失とグリーフ・ワーク

　災害時には，こころにどんな問題が生じるのでしょうか。誰もが大きなストレスを感じるはずです。特に身近な人を亡くした場合などはもっともショック

61

が大きく立ち直れなくなってしまうのも当然のことと言えます。心理学でよく用いられているストレス調査表のリストの中では、「配偶者の死」は最も高いストレスとされています。

　今回の地震や津波による災害では子どもを亡くしてしまった方もいます。中には自分以外の家族を皆一度に亡くしてしまった方もいらっしゃいます。そうした時の心理的ショックは想像を絶するものでしょう。心理学ではこうした状況を「対象喪失」と呼んでいます。「対象喪失」とは自分にとってこころの支えになっていた大切な他者、つまり、配偶者や親族をなくしてしまい、茫然自失となってしまうことです。誰しもこうした状況ではどうしてよいか分からなくなり、何も手につかなくなって1日中ボーっとしていたり、まるで感情をなくしたかのように仕事をこなしているのですが、実はこころの中では受け入れがたい事実から目を背けているために起こっている反応だと考えられます。

　こんな状況の人に対して、こういう言い方はとても酷いように感じられるでしょうが、亡くなった人は二度と生き返ることは残念ながらありません。結局その事実を最終的には受け入れるしかないのです。辛いでしょうが、そのためにはむしろきちんと悲しむという「グリーフ・ワーク（喪の作業）」が必要です。時に人はその事実を受け入れられないがゆえに、嘆き悲しむことができず、感情が麻痺してしまったかのように無反応になったり、妙に冷静な態度でまわりを「この人は平気なのだ」と勘違いさせたりします。しかし、実際にはむしろとても危険な状態なのです。きちんと嘆き悲しむことができるように配慮してあげる必要があります。ただ、当然のことながらこうした現実は受け入れがたいことなので、人によってはきちんと向き合うまでに長い時間を必要としたりします。個人差のあることなので、ゆっくりその人のペースに合せて向かい合っていくことが重要です。

2.2　PTSD（心的外傷後ストレス障害）

　災害時のこころの問題というと多くの方がすぐ思い浮かべるのが「心的外傷後ストレス障害（PTSD）」です。正直に言うと「PTSD」という言葉だけが注目されすぎて独り歩きしている気もします。実際には、3.11のような大きな災害体験直後は、ほとんどの被災者が強いストレス体験から不眠やめまい、発汗、

ふるえなどの体調不良，集中できないといった症状を経験します。東京にいた私たちでさえ，地震直後には携帯やテレビからの緊急地震速報の警戒音に心拍が速くなり，身構えてしまってその後もしばらく興奮が収まらなかったことを思い出します。

　ましてや大きな余震の続く被災地での生活は，どんなに気の休まらない時間が続いたことかと想像しただけで，大変なことだと感じます。それに加えて自宅が被害にあったり，身近な人を亡くしていたりしているわけですからなおさらです。しかし，多くの人々はそんな辛い体験でさえも，時間をかけながら，その事実を受け止めて再び立ち上がり，進み始めて行きます。こうした災害直後に起こる一時的なストレス反応は，当たり前の反応であり，ある意味では人間の自然な反応なのだと言えます。

　ただ，人によっては，そうした一時的なストレス反応が時間が経っても収まらず，数カ月以上も続いてしまう場合があります。災害に限らず，人間が通常に体験するレベルを超えた苦痛な出来事を体験した結果，強度の不安，不眠といった抑うつ症状などが1カ月以上も続く場合，そしてその苦痛な出来事を夢や想像，知覚の中で再体験（フラッシュバック）してしまい，パニック状態になってしまう場合を「心的外傷後ストレス障害」と呼んでいます。戦争に参加して悲惨な体験をした兵士が，帰国後こうした症状により社会に復帰することができないことが多く見られたことから「戦争神経症」と呼ばれたこともあります。

　大災害時のPTSDは，さらに辛い部分があります。東日本大震災でもそうでしたが，テレビでは地震や津波の映像が繰り返し放送されます。災害直後はテレビを見ることさえできないことも多いですが，普通の生活に戻ろうとしている時期に意図せずにそうした映像を見せられると当然のことながら，フラッシュバックが起きてしまいがちです。そうでなくても，何かのきっかけでフラッシュバックが起きてしまうのに，リアルに映像を見せられてしまうのです。何と辛いことでしょうか。最近ではこうした問題を避けるために，映像を流す時にテロップで事前に注意を促すようになりました。

　しかし，先に述べた「対象喪失」の場合と同じように，「PTSD」もどんなに辛い体験だったとしても，最終的にはそのつらい体験そのものを受け入れて

第4講　こころのケアとソーシャル・サポート　　63

いくしかありません。ただ，そのために必要な時間はやはり個人によって異なってくるのです。その個人差を大事にしていく必要があります。

2.3　サイコロジカル・ファーストエイド (PFA)

　災害時のこころのケアの基本的な考え方ということで，サイコロジカル・ファーストエイド (PFA) を紹介したいと思います。災害直後に現地に入る救援の方々やボランティア活動に参加される方にはこのPFAの対処方法が参考になると思います。

　ただ，サイコロジカル・ファーストエイド (PFA) 全文はかなり長いものですので，内容全体に関しては読者自身にネットで参照していただくことにして，ここでは「サイコロジカル・ファーストエイドの基本目的」の部分と災害救援の活動を行う人が「避けるべき態度」の部分を抜き出してみます。

「サイコロジカル・ファーストエイドの基本目的」

- 被災者に負担をかけない共感的な態度によって，人と人との関係を結びます。
- 当面の安全を確かなものにし，被災者が物心両面において安心できるようにします。
- 情緒的に圧倒され，取り乱している被災者を落ちつかせ，見通しがもてるようにします。
- いまどうしてほしいのか，何が気がかりなのか，被災者が支援者に明確に伝えられるように手助けします。また，必要に応じて周辺情報を集めます。
- 被災者がいま必要としていることや，気がかりなことを解決できるように，現実的な支援と情報を提供します。
- 被災者を，家族，友人，近隣，地域支援などのソーシャルサポート・ネットワークに，可能な限り，早く結びつけます。適切な対処行動を支持し，その努力と効果を認めることで，被災者のもっている力を引き出し，育てます。そのために，大人，子ども，家族全体がそれぞれ，回復過程で積極的な役割を果たせるよう支援します。
- 災害の心理的衝撃に効果的に対処するために役に立つ情報を提供します。

- 支援者ができることとできないことを明らかにし，（必要な時には）被災者を他の支援チーム，地域の支援システム，精神保健福祉サービス，公的機関などに紹介します。

「避けるべき態度」
- 被災者が体験したことや，いま体験していることを，思いこみで決めつけないでください。
- 災害にあった人すべてがトラウマを受けているとは考えないでください。
- 病理化しないでください。災害に遭った人々が経験したことを考慮すれば，ほとんどの急性反応は了解可能で，予想範囲内のものです。反応を「症状」と呼ばないでください。また，「診断」「病気」「病理」「障害」などの観点から話をしないでください。
- 被災者を弱者とみなし，恩着せがましい態度をとらないでください。あるいはかれらの孤立無援や弱さ，失敗，障害に焦点をあてないでください。それよりも，災害の最中に困っている人を助けるのに役立った行動や，現在他の人に貢献している行動に焦点をあててください。
- すべての被災者が話をしたがっている，あるいは話をする必要があると考えないでください。しばしば，サポーティブで穏やかな態度でただそばにいることが，人々に安心感を与え，自分で対処できるという感覚を高めます。
- 何があったか尋ねて，詳細を語らせないでください。
- 憶測しないでください。あるいは不正確な情報を提供しないでください。被災者の質問に答えられないときには，事実から学ぶ姿勢で最善を尽くしてください。

以上です。

　読んでみてどう感じられたでしょうか？

　慎重に被災者に対応し，辛い体験を無理やり聞き出そうとするべきではないということが強調されすぎていると思われますか。まるで腫れ物にさわるのを怖がっているようにさえ感じられるかもしれません。なぜこうしたことが強調

第4講　こころのケアとソーシャル・サポート　　65

されているのかというところから説明したいと思います。

　先ほども述べたように，「対象喪失」にしろ，「PTSD」にしろ，最終的には
その辛い現実にちゃんと向き合って受け入れていくしか立ち直る方法はありま
せん。目を背けて見ないふりをしている限り，問題は解決しないのだとも言え
ます。しかし，だからといって無理やり被災者にその現実に直面させよう，そ
のために辛い体験を口に出して語らせるべきだという考え方が最善の対処方法
とは言えないのです。

　一時期，こうした辛い体験をした被災者に対して「心理的デブリーフィン
グ」といって個人やグループでその体験を話させてその体験から解放させよう
とする試みがなされたことがありました。しかし，人によってはかえって辛い
体験を思い出してより状態が悪化してしまう場合もあり，むしろ有害な場合さ
えあるということが分かってきました。こうしたことの反省からPFAは無理
強いをしない慎重な対応を推奨しているのです。

　もちろん，被災者自身から話したい，誰かに聴いてほしいという場合は当然
きちんと向き合って受け止めるべきでしょう。最終的にはその辛い体験を事実
として向かい合い，受け入れていくことが必要なのですから。しかし，そのタ
イミングは被災者1人ひとりで異なっていると考えられます。それをまわりか
ら一律に語らせようと無理強いをすることはよくありません。かえって有害に
さえなりうるということをこころに刻んでおいていただきたいのです。

　幸い，多くの被災者は時間はかかったとしても，最終的には自分の力で立ち
直っていくことができるのです。むしろ，その力をいかに引き出してこられる
ようにサポートするか，また被災者のまわりの身近な人たちのサポートする力
をいかに有効に利用できる体制を整えていくかという点がPFAの力説してい
るところです。もちろん，中には時間が経過してもなかなかフラッシュバック
が収まらない，そのために，悲惨な体験に結びつくような場所や状況に近づく
ことを避けようとして日常生活もままならなくなってしまう場合もあります。
そうした場合にはぜひPTSD治療の専門家につなげていただきたいと思います。
EMDR (Eye Movement Desensitization and Reprocessing) といったPTSDに対す
る有効な治療法も開発されています。

　もう1つ申し上げておきたい点は，災害救援に当たる救援者自身の問題です。

66

救援者のこころのケアも必要なのです。当然災害時には，救援者自身もその場に駆けつけて活動するわけで，覚悟しているとはいえ，悲惨な現状を目の当たりにして大きなストレスを感じます。被災者からは感謝されることもありますが，一方でイライラをぶつけられたり，非難されたりすることもあります。そうした場合でも救援者の方がストレスを発散することは，立場上困難です。ストレスをぶつけることができないまま，活動を続けるしかないという意味では，救援者もまた大変な状況になりかねないのです。救援者同士でそうした体験を共有し合うことなどが有効です。

3 こころのケアとしてのソーシャル・サポートの重要性

3.1 3.11での地域コミュニティの絆，サポート

ここまで災害時のこころのケアを考えてきましたが，次に災害の起こる前の段階で，事前に準備しうる対応策は何かないのだろうかという点について考えてみたいと思います。

先ほど引用したPFAでは，被災者の身近なソーシャル・サポート・ネットワークにつなぐことが強調されています。実際に，東日本大震災の被災地でも被災者同士のサポートが注目されました。3.11の体験は悲惨なものでしたが，一方で世界からは絶賛された側面もありました。それは日本人の絆の強さであり，助け合い精神です。避難所の中でも街中でもパニックや暴動が起こることはなく，整然と物資を分かち合い，お互いに助け合って暮らしている姿に世界の人は驚いたのです。確かに私たち同じ日本人から見ても，3.11の際の東北の人たちの行動は驚きと感動の連続であり，どうして東北の人々はあんなに我慢強いのだろうと思いました。

はたして東京で同じことができるだろうかと考えてしまうところです。もちろん，東京でも今回の災害では大量の帰宅困難者が生じてしまい，パニックになりかけましたが，それでも何とか暴動のようにはならず，助け合いの行動が見られました。今，次に起こるかもしれない災害時に備えて対応策が色々考えられています。その中でも，身近な近隣関係でのサポート・ネットワークの機能が見直されています。

第4講　こころのケアとソーシャル・サポート　67

コミュニティ心理学では，以前から「ソーシャル・サポートのストレス緩和効果」について研究されてきています。同じストレスを受けても家族や友人，近隣からのサポート・ネットワークを強く持っている人ほどストレスの悪影響を受けにくいということです。物質的なサポートや情報的なサポートも有効ですが，特に情緒的なサポートの重要性が強調されてきました。これは災害のような場面でも同じだと考えられます。日常生活における何気ない関わりや助け合いが，災害のようなストレス場面でも，その悪影響を緩和してくれるのです。

　3.11以後，私の身近なところでも，マンションの居住者同士の緊密な関係を求める動きや，1人で生活していることの不安感を感じて，人とのつながりを持ちたいと思っている人も増えているように感じます。防災という面だけでなく，普段の人間関係がいざという時に不安感を和らげ，安心感，安全感をもたらしてくれるという面からもソーシャル・サポートの重要性は明らかです。

3.2　地縁的な人間関係の希薄さが都会の良さであり弱点

　ただ，人間関係はソーシャル・サポートになることもありますが，逆にストレス源になることもあります。具体的な人物との関係がストレスになっている人もいれば，地縁的な人間関係の強い地域での濃密すぎる関係がいやで，そこから逃げ出すために都会に出てくる人々も多いと思われます。都会に出て1人暮らしを始めると誰一人自分のことを知っている人間がいないということが，ある種の解放感を感じさせるという点は，私自身も実感したことがあります。どんな生活をしていようと文句を言われないですむのです。

　仕事や学校など自分に直接関係する対人関係だけを考えていればよく，住んでいる地縁的な関係は無視していいものになるのです。隣に住んでいる人がどんな人なのかはどうでもいいことです。まるで，たまたま同じ電車に乗っているだけの赤の他人と同じです。その人たちの前でものを食べても，化粧をしても恥ずかしくも何ともないのです。そうした人々が増えていくに従って，都会での地域コミュニティは崩壊していったのです。

　しかし，近所とのつながりを持たない人は，そうした解放感とは引き換えに災害時などには，簡単に孤立してしまいます。近隣からの情報も入らなくなり，手助けもなくなります。私が実際に体験した事例をご紹介します。実は私の住

写真1

んでいたマンションで火事があり，みんなで各部屋のドアを叩き，声を掛け合って避難したのですが，1人の若い女性だけが逃げ遅れて，消防のはしご車で救出されるという出来事がありました。もちろん彼女の部屋のドアも叩いたはずですが，たまたま眠っていて気づかなかったようです。多くの住民は少なくとも顔見知りなので，マンションの外に避難した後もみんな避難できているかどうかを確認し合えたのですが，彼女だけは普段からあまりまわりとの関わりがなく，その部屋に誰が住んでいるのかよく分からなかったために，まわりの人に気づかれずに逃げ遅れてしまいました。このケースでは大事には至らなかったのですが，一歩間違えれば命を落としかねなかったのです。

　高齢者の孤独死の問題もあります。この問題は都会に限ったことではありませんが，少なくとも地域コミュニティが機能しているところでは，亡くなってから何カ月も気づかれないままということはないと思います。しかし，都会では誰にも気づかれることなく亡くなっている高齢者が後を絶ちません。都会が無縁社会と言われるゆえんです。

　災害時の問題ではありませんし，また，かなり以前のことになりますが，衝

第4講　こころのケアとソーシャル・サポート　　69

撃的な事件がありました。年配の方は記憶があるかと思いますが，ピアノ騒音殺人事件と言われるものです。ある男がアパートの階下の部屋の子どもがピアノを練習している騒音がうるさいと子どもと母親を刺殺してしまったのです。詳しい事情は分かりませんが，加害者と被害者には普段の付き合いはなく，文句を言い合っていただけのようです。また，どちらも精神的な障害を抱えていたというような事実は確認されていません。もしも加害者が普段からその家族のことを知っていて，「ああ，あの子も以前よりは上手く弾けるようになってきたな」といった受け止め方ができれば，また，母親が「ピアノの音がうるさいですか。なるべく，ご迷惑をかけないように気をつけます」「発表会があるので，それまで少しの間だけお許しください」といった声掛けをしていたら，結果は変わっていたのではないでしょうか。

　ある調査では，騒音の大きさを感じる程度は，その音を出している人と知り合いかどうかが関係しているということです。もちろんそれだけですべての近隣騒音問題が解決すると言うつもりはありません。ただ，だからこそ隣の人がどんな人なのか知っているかどうか，あいさつや会話をする関係か否かは重要な要因になるのです。相手との関係がまったくないがゆえに，些細なことでもストレスになるのでしょうし，またどんな酷いことでも言えたり，できたりしてしまうのではないかと思われます。

4　都会でも機能するソーシャル・サポート・ネットワークの構築

4.1　都会でのソーシャル・サポートの必要性と困難さ

　このように都会でも近所付き合いの必要性は認識されてきていて，色々な工夫も行われています。最近では日本でも，1つの家に何人かの人で共に暮らす「シェアハウス」も増えてきているようですし，より個人の時間も確保でき，気の向いた時だけ共通のスペースに出て行って他者と関わることができる「ソーシャル・アパートメント」といった形態の賃貸型ワンルームマンションも人気があるようです。

　また，時間的，経済的にゆとりのあるシニア世代を対象にしたレストランや，サークル活動などをできる施設を併設した分譲マンションなど，都会であって

も他者と関わりを持ちながら生活できる住居形態が生まれてきています。こうした関係は必ずしも災害時のソーシャル・サポートそのものではないかもしれませんし，誰でもアクセスできるものでもないのかもしれませんが，サポート・ネットワークの基盤になりうるものだと思われます。さらに世代を超えた関わりも可能になるような工夫もあればと思います。

そこまで，システム化されたものではありませんが，既存のマンションでも管理組合が中心になって「あいさつ運動」を行ったり，防災訓練をするなどの一つのコミュニティとしてのつながりを模索したり，町の自治会との連携をはかったりといった活動が3.11以後さかんになっているようです。

しかし，実際にはすでに述べたようなサポート・ネットワークを構築するうえでの困難さも都会にはあります。都会ではそうした地縁的な人間関係を望まない人も多いように思います。ほうっておいてほしいという人もいれば，地域の活動に参加したくても，仕事が忙しくて，参加する余裕も時間もないという人もいます。

若い人たちが地域コミュニティでの人間関係にあまり関心を持たない理由も分からなくはありません。大学や会社などのコミュニティや友人関係で忙しく，地域での人間関係に関わっている余裕も時間もないということでしょう。正直に言いますと，私自身も若い頃はマンションの管理組合の集まりも参加せず，無関心のまま過ごしていました。40代になってまわりの人々との付き合いも少しずつ深くなっていくに従って，そうした集まりにも顔を出すようになり，管理組合の理事の仕事を引き受けるようになったのは50歳に近づいた頃だったように記憶しています。

若者や働き盛りの男性が地域社会と関わるチャンスの少ないことも致し方ないという面はあります。ただ，本来であれば，日本社会でもワーク・ライフ・バランスの見直しがなされるべきだと思います。

4.2　ゆるやかな人間関係の構築と共生感

どこまで地域社会と関わるか，関わりたいと思うかといった問題は人によって異なるわけで，そこの部分は個別に任せるとしても，必要最低限の人との関わりと言ってもよいものがあるのではないでしょうか。そこを担保するような

関わり方を模索していきたいと思っています。例えば，ありきたりかもしれません が，先に述べた「あいさつ運動」のようなゆるやかなつながりを目指すものもいいのではないでしょうか。もちろん，あくまでも自発的に関わりたい人が参加するようなものです。

　さらに言えば，お互いに「迷惑をかけまい，かけられまい」としすぎて，ぎすぎすするのではなく，ある程度の迷惑は生きている以上仕方ないことと割り切りながら，できる限り減らせればいいのかなと思っています。そのための最低限の条件は少なくとも知り合いになっているということではないでしょうか。仲間かと言われれば違うかもしれませんが，でもまったく関係ないというのではなく，共に同じ場所，同じ時間に生きている人間同士という感覚，普段は特に関係を持たずにいるけれど，いざという時には助け合うことができるような関係，こんな感覚を持つのが共生感ではないかと思うのです。

　実際に人間には色々なタイプの人がいて，誰かといつも一緒にいないと寂しくて不安になる，人といるのが大好きという人もいれば，1人でいても寂しくない，むしろ，1人の時間を大事にしたいという人もいます。こうした個人差を考慮しないで一律にみんなで楽しみましょうとか，ましてや参加を強制するなどということは無意味ですし，何の問題解決にもつながらないと思います。ただ，だからこそ最低限の人付き合いが必要なのだとも思います。そうした最低限の日常的な近所付き合いが，災害時のサポートや防災につながっていくのではないかと考えます。

4.3　仲間意識と共生感の相違

　根本的な問題は，はたして人間は一人で生きていけるのかという課題なのかもしれないと思います。確かに，家に引きこもって，社会まったく接触を持たないというケースは存在しています。しかし，それは実際にはその生活を支えてくれている親などのサポートがあるからこそ成り立っているもので，そのサポートがなくなったとたんその生活は破綻してしまいます。山中や森の中で，たった一人で自給自足の生活をしていける人も確かにいるのかもしれませんが，そうした生き方が可能な人間はごくごく少数なのではないかと思われます。ほとんどの人は完全な孤独には実は耐えられないのです。

むしろ，そうした感覚が逆に自分を受け入れてくれる仲間が欲しいということにつながり，仲間がいなければ，不安だ。ひいては身内と赤の他人，味方と敵，内と外に二分して分けて捉える思考になっているのです。それははたしてよいことなのでしょうか。国のレベルにおいてさえこの二分法が働いているように感じます。きれいごとに聞こえるかもしれませんが，結局そうした二分法が対立を生み，差別を生み，いじめを生んでいるのです。自分さえよければ，自分の身内さえよければ，自分の仲間さえよければ，自分の国さえよければ……。

　そうした仲間意識，味方意識では，本当の問題解決にはつながらないのです。

　自分とは無関係の他人，電車の中の見知らぬ人，地球の反対側に存在している他者に対しても，その存在や気持ちに対する「おもいやり」を持つことはそんなに難しいことではないと思うのですが。

　人が，自分とは直接的には関係のない他者を気遣い，サポートしようとする「おもいやり」の気持ちの源になるのは何なのでしょうか。「おもいやり」が機能するには，その相手の立場に立って理解することが必要です。自分の視点，立場から見ているだけでは下手をすると「おもいやり」ではなく，「おせっかい」になりかねません。もちろん，それでも無関心よりはよいのかもしれませんが。

　認知心理学者のジャン・ピアジェが示したように，他者を自分の視点から理解するのではなく，その人自身の視点から理解するための認知能力そのものは，幼児期にはまだ難しいかもしれませんが，遅くとも青年期になれば，身についているはずです。基本的な認知能力としては，すでに持っているはずの能力を身近な他人に対して，その人の立場を理解しようとするために，実際に利用しようとするか否かが問題なのです。

　相手を共感的に理解しようとする気持ちの源になっているのは，その人に対する共生感なのではないかと私は思っています。少し極端な例を挙げますが，もしも戦場で敵兵に対して同じ人間だという共生感を持っていたら，まるでゲームのように簡単に殺害できるでしょうか。むしろ，そうした共生感を持たないように敢えて鬼畜米英と呼んだのではありませんか。奴隷制を維持するためには奴隷を同じ人間だと感じないようにしなければならなかったのだと思い

す。相手を人間と見ないからこそ，奴隷の前で裸になっても恥ずかしくもなかったのです。電車の中で平気で化粧をしている人も同じだと言ってしまうのは少し言いすぎでしょうか。

　繰り返しますが，他者を共感的に理解しようとする気持ちの元になるのは，相手も自分と同じ人間なのだという共生感なのです。私たち人間はそれぞれ異なった価値観を持ち，人に対する好き嫌いもあり，お互いに合う，合わないもあります。世代の違いもあります。しかし，どんなに異なっているところがあったとしても同じ人間であることには変わりはないのです。むしろ，その違いを認識しているからこそ自分とは違うかもしれない相手の立場や考え方を理解しようとするのです。

　問題はそういった共生感といった感覚をどうやって身につけるのことができるのかです。人間は一人で生きているのではない。ということを実感するところからスタートするのかもしれませんが，正直まだ私にもよく分かりません。基本的には自分とは違った価値観や考え方をする人々がいるのが当たり前。なぜなら，人はみな1人ひとり独自性を持っているのだから。しかし，価値観は違っていても同じ人間なのだ。色々な人がいていいんだということを小さなことから当たり前のこととして受け入れながら育っていくことができれば自然に身につくのではないでしょうか。

　次講では，杉本先生が「我慢」という日本人の特徴的なこころについて論じて下さるはずです。この「我慢」という精神も，東日本大震災時に世界から注目され，賞賛されたものであり，また長年にわたり，日本人のこころの中核に存在してきたものだと思われます。そして，本講での「人間関係」と同じように，「我慢」にもプラス面とマイナス面が存在していると考えられます。杉本先生の鋭く深い分析に期待しましょう。

参考文献

アメリカ国立子どもトラウマティックストレス・ネットワーク，アメリカ国立
　　PTSDセンター「サイコロジカル・ファーストエイド実施の手引き第2版」兵
　　庫県こころのケアセンター訳，2009年3月，http://www.j-hits.org/

第5講

「我慢」の精神とポスト3.11

杉本　裕代

1　「我慢」という日常

　皆さんは，自分の行動を，相手が「おもいやり」と「おせっかい」のどちら
と受け取るか，心配になって悩んだ経験はありますか？　あるいは，そんなこ
とで葛藤するのも嫌になって，迷った時は何も行動しないことを選ぶことにし
ている人もいるかもしれませんね。

　前講の最後に出てきた「共生感」は，現代に生きる私たちの重要なキーワー
ドですが，千田先生が述べられた「相手を人間としてみる」ために，私たちは
どんな考え方や精神を持つべきなのでしょうか。相手も自分も人間だからこそ，
相手を思いやり，自分の行動がおせっかいにならないか気になるとも言えます。

　まず考えてみなければならないのは，私たちは常に「おもいやり」なのか
「おせっかい」なのか，二者択一の形式に囚われていないか，ということです。
目の前にいる人を気にかけたり，手助けしたいという気持ちが心に湧き上がっ
てきた時，どういうわけか，一方では，「余計なお世話だ」とか「自己満足
だ」「偽善だ」「相手が困っているのは自己責任だ」といった意見が頭をよぎり
ます。そして，自分の行動がどちらになるのか悩んでしまいます。

　「共に生きている感覚」のために必要なのは，どちらか1つを選択すること
ではありません。検討する価値があるのは，この二者択一の単純で硬直した選
択の方法を，もっと柔軟で多様な態度へと変換することです。それでは，なぜ
私たちは，二者択一へと駆り立てられてしまうのか。それを考えるための手

がかりとなる現象を，検討することから始めましょう。

1.1　東日本大震災で賞賛

　東日本大震災の直後，ある日本語が世界中のメディアから注目されました。その発端は，震災直後の日本たちの行動にあります。未曾有の被害を受けた東北においても，そしてその後の深刻な影響が心配された首都圏においても，人々がパニックを起こさず，あくまで普段通りの生活を送ろうとしたことが，世界中の人々が大変な驚きをもって注目しました。

　そして，世界の目から見れば不可思議にさえ思える日本の現状を説明するために，各国のメディアが注目したのが，「gaman（我慢）」という日本人の精神でした。『ニューヨークタイムズ』紙は，震災直後のタイミングで，エッセイスト，コラス・クリストフの「日本への共感と，賞賛」と題したエッセイを掲載しました。1990年代に，『ニューヨークタイムズ』紙の東京支局長でもあったクリストフは，日本政府の対応のまずさを冒頭で話題に挙げ，「にもかかわらず，日本人たちは見事なまでに，忍耐強く禁欲的で秩序を保っていた」と記し，gamanというキーワードを用いて，日本人の忍耐強さを記しています。そして，日本的な禁欲の精神が日本語の中にも組み込まれており，「仕方がない」とか「運命だ」といった表現となって現れていると指摘しています。

　このエッセイは，「文句を言わず，集団で立ち直る力が，日本人の魂に染みついている」と書いて，日本の復興が近いことを確信するような応援メッセージを寄せています。しかしながら，もともとクリストフは，日本文化を奇異なものとしてアメリカに紹介してきたジャーナリストでもあります。それを示すように，「gaman」の具体例として，彼の小学生の息子が日本の学校に行った時の経験として，小学生の男子は真冬でも全員半ズボンで登校しなければならなかったことを挙げて，子どものうちからこうした「訓練」を重ねているのだと説明しています。冬に小学生の男子が半ズボンで出かけることは，皆さんにとって「訓練」であると思ったことありますか？　皆さんにとって，それはこの国独特の習慣だとさえ意識しないもの，自然で当たり前の光景なのではないでしょうか。どうやら，「我慢」とは，苦痛や冷や汗とともにあからさまに判別できる苦悶の状態だけではなく，私たちにとっての「当たり前」の風景の中

に隠れているものだと言えそうです。

1.2 Gamanの定義── Dignity（威厳）

　それでは，そもそも，我慢するというのは，どんな感覚なのでしょうか。「我慢」を言い換えるとするなら，忍耐という語がまず思い浮かびます。しかし，我慢という語の歴史は古く，その起源は仏教にあります。『広辞苑』によれば，1つ目の意味に，「自分をえらく思い，他を軽んずること」とあり，2つ目に「我を張り他に従わないこと」とあります。そして，「耐え忍ぶこと」は3つ目の意味です。つまり，本来は，慢心とか強情といった，戒めるべき態度だったのですが，いつしか，耐え忍ぶことを意味するようになったのです。「我を張る」のうちの，我（自己主張）の意味が弱くなり，「張る」という動作に伴う心情，つまり，精一杯力を尽くす意味が強くなり，忍耐という意味になったというところでしょう。

　「我慢」や「忍耐」という語にどんな精神性が宿っているのかを，もう少し見てみましょう。「我慢」の意味の変遷を考える上で1つのヒントとなる例を，幕末の政治思想の中に見つけることができます。日本が欧米諸国と出会い政治的にどのような態度で臨むべきか，あるいは臨むことが現実に可能なのかを模索する議論が沸き起こり，攘夷とか開国といった語とともに議論されます。その時代のうねりの中で，福沢諭吉は，『瘠我慢の説』と題した書簡の中で，「我慢能国の栄誉を保つもの」，つまり，「我慢によって，国の栄誉を保つことができる」と説きました。福沢は，欧米に対して日本が講和条約を結んだことを批判し，その矛先を講和方針を進めた勝海舟や榎本武揚に向けているのです。当時，技術や国力の面で圧倒的に勝っている欧米列国に対して，日本が抵抗するということが難しいのは明らかであっても，「千辛万苦，力のあらん限りを尽つくし」て，勝敗がつくギリギリまで抵抗して初めて，講和をなすか，死をもって決するかを決めることができると福沢は論じ，この極限までの抵抗を「俗にいう瘠我慢」だと称して，国としての態度を決する際に持つべき重要な美徳として主張します。特に相手に劣勢を喫している場合は，この方法を取るしかなく，戦争時だけでなく外交の平和交渉においても，「決してこれを忘れるべからず」と言うのです（福沢「瘠我慢の説」）。

福沢によれば，こうした「瘠我慢」とは，古来，日本の歴史の中に受け継がれてきた精神であり，例えば，徳川家康が，三河の小国の主から天下の将軍になったのも「瘠我慢の賜（たまもの）」だと言います。痩せ我慢こそ，国家の品位や対面を保つために必要なものであり，「文明世界に独立の体面」を張ろうとするならば，必須の態度でした。

　努力の限りを尽くし，国としての威厳を保つ，という意味では，どうやら，福沢の言う「痩我慢」は，私たちが現代社会で使用する「我慢」という意味に近い要素があると言えそうです。そして，ただの我慢ではなく，身が「瘠せ」るほどに，いや実際に「瘠せて」も限界まで我慢するといった決死の緊張感は，現代と共通する意味であると言えるでしょう。

　こうした精神性を，的確に示した試みが，海外で行われたことがあります。それは，アメリカの博物館の最高峰といえるスミソニアン博物館による「The Art of Gaman」という企画展示です。この展示は，東日本大震災で「我慢」が世界的に注目されるよりも前に企画され，奇しくも，震災直前の2011年1月から2月に開催されたものでした。

　ガマンを英語にすると，何という語を使ったらよいのでしょうか。辞書を引くと，patienceやtoleranceといった語を見つけることができます。スミソニアンの展示を説明する資料は，gamanが持つ独自のニュアンスを次のように紹介しています。我慢とは「耐え難いと思えるようなことに，威厳と忍耐の念を持って耐えること (to bear the seemingly unbearable with dignity and patience)」なのです。patienceやenduranceやbearingという語に比べて，今回のスミソニアンの定義には，そこに「dignity（威厳）」という語が加えられている点が示唆に溢れています。つまり，我慢とは，単に耐える作業や苦痛だけを意味しているのではないようです。

　この展覧会は，アメリカの日系移民たちが，第2次大戦中に，アメリカの強制収容所に追いやられた際に，拘留生活の中の細やかな楽しみとして生み出した手工芸品を展示したものでしたが，材料も限定され，手近にあった木材などを工夫しながら，丁寧に木彫りを施し彩色した作品たちは，素朴ながら繊細かつ凛とした生命感を放っています。そうした作品の佇まいのことが，威厳という表現につながったのでしょう。この作品群によって，明らかにされた日系移

民たちの姿は，単なる苦痛や怒り，不快の念といった感情とは異なる精神の在り様でした。強制収容という不当な扱いを受けている境遇に対して，激しい抵抗を見せるのではなく，しかし，精神的に服従したわけでも屈服したわけでもなく，収容所での生活を冷静に受け入れるという姿勢です。この展覧会で展示された作品群は，入手できる限定された材料を使って，素朴だけれど繊細な細工を施してあり，質素で禁欲的な美しさに満ちた作品でした。こうした精神の在り様を意味しているのが，「gaman」ということになるでしょう。

そして，このスミソニアンの展示がより注目を浴びることになったのは，皮肉な巡り合わせですが，この展示が終了した2011年1月末から約1か月後，東日本大震災が起きたからです。この震災直後の日本を見て，多くの報道機関がある種の驚嘆の念を持って，日本社会を眺めることになります。そして，日本人の行動を説明するために用いられた概念が，「gaman」なのです。

震災以降，「gaman」という語に相当する英単語として，欧米のメディアが選んだのは，「resilience」という語でした。『ロングマン英英辞典』を引いてみると，resilienceとは「困難な状況や出来事の後に，強くなったり，幸福になったり，成功を収めたりできること（able to become strong, happy, or successful again after a difficult situation or event）」や，「引っ張ったり押されたりしても，強くなかなか壊れない（strong and not easily damaged by being pulled, pressed, etc.）」と定義されています。つまり，単に強いだけでなく，困難な状況にあっても，粘り強く成功を導くといった精神性を，パニックを起こさない日本社会を表現する概念としたのです。そして，そのresilienceを支えている精神性こそがgamanだというのです。

このresilienceは，威厳を保つことが大事なのです。そうした意味では，福沢の言った「痩我慢」とも共通する概念であるように思えます。震災以降，世界によってgamanやresilienceが世界によって注目されたことに，私たちも，自らの長所を改めて教えられ，励ましの言葉として受け止めました（『朝日新聞』2011年7月29日付「窓」より）。海外のメディアに報道されて初めて，日本社会は何か「良きもの」として「認められた」ような雰囲気になるというのは，この時に始まったことではなく，常に日本社会の習慣のようなものになっています。

我慢の精神構造については，第3節で考えてみることにしたいと思いますが，いずれにせよ，東日本大震災とそれ以降の日本社会を，世界中が注目したことによって，私たちは，我慢という美徳を再発見したといえるでしょう。しかし，その我慢という精神の背景に，どのような価値観があるのか，私たち一人一人がまだ明確に理解していないし，社会のなかの共通した認識も獲得していないままなのです。

1.3　「我慢」が日本社会にもたらしたのは，秩序と「落ち着き」

　もう少し具体的に「我慢」の美徳とは，何なのかと考えてみましょう。我慢が賛美されるのはなぜかと言えば，人々が自らの自我なり欲望なりを律して，規律ある行動を取っているからです。どんな時でも——それが適切なタイミングだったかは別として——規律を失わず，秩序を保った生活をすることには，人間の本性からして，何らか自分を律したり，規律を課したりする必要があります。社会や組織が定めた規律があったとしても，それを束縛として感じても不思議ではないし，むしろ，それが（理想的かどうかは別として）自然な状態なのだという人間観が，西洋の思想の根幹にはあります。

　だからこそ，震災直後，日本社会が「秩序」を失わないことに驚嘆の声を挙げました。東北や関東で，大規模な停電が起こり，交通網が完全に麻痺する中で，多くの日本人は「普段通り」の生活を続けようとしました。例えば，関東の例を挙げてみましょう。社会人の日常生活とは，朝起きて，電車に乗り，会社に行く，というものですが，3月11日以降も，首都圏でほとんどの人が，普段通り会社に行こうと通勤しようとしました。

　そして，電車が停止しているにもかかわらず，会社を休むという発想よりも，何とか出勤しなくては，という気持が行動として現れました。結果，停止中か発車本数が極端に減った鉄道の駅には，乗り切れないほどの乗客が集まることとなり，中には入場制限を行った駅も珍しくありませんでした。公共交通手段が麻痺しているのですから，都市機能が麻痺していると言っても過言ではありませんが，人々はそれでも会社に出勤しようとして，自転車や徒歩といった手段も使い，Twitter上では交通情報などを共有が呼びかけられたりしました。停電による混乱はあったものの，それでも日常生活が継続されたのです。交通

の不便も，人々は「我慢」して，普段通りの生活を続けようとしました。

　福島の状況も深刻さを増す中で，人々はなぜこのような選択をしたのでしょうか。多くの外国人が避難したように，なぜ日本人は避難しないのか。それは，ほとんど奇妙な風景とさえ映り，海外の人々を驚かせました。なぜなのかを考えるために，日本社会にとっては，ごく当たり前のことが，世界の驚嘆を持って迎えられた事例を見てみましょう。

　5S（ファイブ・エス）という言葉を聞いたことがあるでしょうか。「整理・整頓・清掃・清潔・躾」という5つの概念を，産業現場での生産や労働の理念として掲げたものです。インドやアジア各国の工場など世界中で，従業員の行動原則として採用されています。言うまでもなく，これは日本の産業界における生産活動の現場から生まれたもので，私たちの日常生活や学校生活の中でも，頻繁に用いられている概念です。

　皆さんにとっては，ごく「当たり前」のように思える概念も，世界の人々は，新鮮な驚きでこれらの概念に注目しました。高度経済成長を支えた日本製品の精巧さの秘密を，こうした概念によるものだと「発見」したのです。例えば，1992年の『ニューヨークタイムズ』紙では，この5Sを自らの工場に採用した社長のことが記事になっています。その人物は，1980年代に日本の工場を訪問し，日本技術の信奉者になったと言います。最初は工場の中では，「誰も急いではいなかった」ために，良い印象はなかったのですが，よく見てみると，「誰も，部品や指示書を探してふらふらと歩き回ることはしていない」ことに気づいたのです。それが，「付加価値」になる仕事であり，高い品質の秘密だと考えたのです（NYT 1992年10月20日付）。一見したところ，「急いでいない」ようでいて，結果として，作業は早く仕上がる。日本社会では，明らかに急いでいる様子を露にすることは，心の乱れを意味し，極力，そうした状態を避けようとします。つまり，日本では，「効率を上げること」は，急ぐという動作を意味しない場合があります。こう言い換えた方がいいかもしれません。急ぐということは，身体を大仰に動かしたり，表情を曇らせたりすることだけではなく，「精神的に落ち着いて，作業をする」という意味合いを持つことがあるのです。ここで，大切なのは，1つの語に，身体のアクションを意味しているものが，日本社会の文脈の中では，静的な動作や変化の少ない意味合いが加わ

第5講　「我慢」の精神とポスト3.11　　81

るということです。言葉の意味の広がりは，いつも文化的な背景とともにあることを頭の中に置きつつ，もう少し考えてみましょう。

1.4　秩序としての我慢

　これらの概念によって，どのような変化がもたらされたのか——先に挙げた『ニューヨークタイムズ』紙の記事の見出しが適切に表現しています。「合衆国の工場を混沌から救う (Saving U.S. Plants From Disorder)」というものです。つまり，「disorder（無秩序）」から抜け出すということですから，5Sは「秩序 (order)」をもたらすものだと言えます。確かに，「整然と分類されたモノを，常に掃除して，清潔さを保ち，それを日々の習慣とする」というイメージは，日本では（実際に自分が実現しているかどうかは別として）誰しもの心の中に浸透した風景であることは間違いないでしょう。

　つまり私たちの社会の中には，「秩序」というものが1人ひとりの日常生活の中にまで浸透し，社会全体を規定しているのです。しかし，この「秩序」は，長所ばかりなのでしょうか。ここで私たちは，「秩序」と「order」という言葉を比べて，「秩序」という語には，無意識なくらいに美徳としての響きがあることに意識的になる必要があります。orderは順番や序列といった意味でもあります。日本語で言う「秩序」とは，「我慢」と同様に，単に概念を表す名前ではなくて，何かしらの価値観を反映した呼び名になっているということです。感情のことを話しているつもりが，順番とか階層といった現象そのものになってしまった。私たちには，我慢しているとか，束縛されている，苦痛を隠しているといった感覚さえなくなっているのかもしれません。

　5Sは，我慢がもはや我慢でなくなっている境地にまで高まった結果であり，自分で自分を律するという，内面的な力と，外部から要求される快適さ・秩序が，両者ちょうど釣り合って調和しているユートピアのような精神なのかもしれません。日本の戦後から行動経済成長を支えてきた，倫理観や美徳は，私たちの日常のありふれた景色ではなく，人間という荒ぶる生命の前では，静謐で希有な風景なのかもしれません。

2 我慢の限界——日常は「理性的」な態度なのか？

　震災と我慢を考える時に，もう1つ検討するべき題材があります。震災直後，見渡す限りに広がる瓦礫の山をたくさんの海外メディアが取材しました。フランスのテレビ局F2のカメラに向かって，とあるおばあさんが笑顔さえ浮かべたことがニュースで大きく取り上げられたのです。彼女は自宅が完全に倒壊しているにもかかわらず，カメラに向かって，自分の不幸を嘆いたり怒りを表現することをしませんでした。むしろ，少々のユーモアさえも加えて，取材班のために自分の経験を表現して，情報提供しようとしています。おばあさんが，実際にどんな心境でいたのかは分かりません。まだ実感が沸いていなかっただけかもしれないし，本当は泣きたい気持ちだったのかもしれません。しかし，彼女はそうしなかったのです。

　こうしたフランスでの報道に対して，フランスの日本研究の第一人者である社会学者ジャンフランソワ・サブレは，「悲観的ではない運命論者」と日本人のことを表現し，それが日本の活力の源になると言っています。ここで，冒頭で紹介した・ニコラス・クリストフの著作を思い出してみましょう。震災よりはるか前に出版された，彼の日本に関するエッセイでは，小学生の男子は真冬でも全員半ズボンで登校しなければならなかったことを取り上げています。その文章は，もちろんクリストフのユーモアも混じった考察になっているのですが，小学生低学年の男子は半ズボンという日常生活の当たり前の風景でも，ひとたび，異なる文化の——同じ行動規範を共有していない——視点から見れば，「規制」や「束縛」という強制力が働いている，奇妙な風景になってしまうのです。

　ここで世界の関心の的となり，また外国人のエッセイの格好の題材になっているのは，日本人の行動様式への単なる賞賛でも，批判でもないでしょう。ともすれば，単なる規則や束縛という話で表現される現象が，日本社会の中では，すんなりと受け入れられている驚嘆の念です。そして，それは日本人だから説明できるのかというと，決してそうではありません。自分たちの社会の有り様を，諸外国の人々が理解できるように説明するには，わたしたちは，まだまだ沈黙の中で察する文化の中にいて，説明するに足る言葉も論理も乏しいと言わ

ざるをえません。

2.1 我慢という名の努力

　我慢という精神の構造について考えてみるために，我を張る，という動作に戻って，我慢の意味の幅を探ってみましょう。一生懸命に耐えるという精神は，明治近代の知識人たちの中に，幾つか例を見つけることができます。一生懸命に耐えるという意味は，日本社会の中のもう1つの美徳である「努力」と共通します。

　幸田露伴は，運命を幸運という意味にするのも，否運（非運，運が悪い）という意味にするのも，その線を分けるのは人間の努力だ，と説きます。そして，その説明のために，「手」で幸運を引き寄せる，というイメージを使って，生き方を説いています。もし運命の糸のようなものがあるとすれば，幸運につながっている糸は，掌が「流血淋漓」になる，つまり，つかんだ手から血が流れ落ちるものであって，否運（不運）につながる線は，手に優しい滑らかなものだと言います。幸運をたぐりよせる人は，「常に自己を責め，自己の掌より紅血を滴らし」ており，同時に「耐え難き痛楚をしのび」ながら，最終的には，「体軀の幸運の神」を招き寄せるのだと断言しています（「人力と運命と」『努力論』明治43（1910）年10月）。

　掌に血が滴り落ちるほどに人間が努力すれば，幸運が訪れる。逆に，柔らかく滑らかなものしか手にしなければ，幸運はやってこないというのです。露伴の言葉使いは，文語調で堅苦しく聞こえるかもしれませんが，努力という「血」や「痛み」なくして，幸運はやってこないという考え方は，現在でも根強く私たちの社会の根幹を支える価値観でしょう。代償がなくては，何も得ることができない。さらには，苦痛がないような体験には価値はない，という発想は，ともすればマゾヒズムとも言えるような価値観でもあります。IT技術や市場経済によって，血も汗も流さずに幸運を手に入れられるように見える例が世間に溢れるようになっても，いやだからこそ，私たちの心に消えることなく，むしろ存在感を増しているかもしれません。

84

2.2　立身出世主義と幸運

　露伴の時代は具体的にどのような「幸運」を求めていたのかを考えてみると，近代日本の立身出世主義という構図が最初に思い浮かびます。明治期の若者にとっては，地方の農村から身を立て世の役に立つという人生が，最大のロマンであり，人々の心を興奮させたのです（竹内洋『立身出世主義』世界思想社，2005年）。「掌を流血淋漓」するほど運命のために行動すれば，そのように成功できるかもしれない。このロマンは，間違いなく，近代日本の発展の原動力になりました。そして，そこには，「成功がその後にやってくるのだから，いまの苦痛に耐える」という意味で，ここにも「我慢」するという精神構造が間違いなく機能しています。露伴のいう努力とは，まさしく我慢の精神のことでしょう。

　しかし，露伴の我慢については，スミソニアンのgamanと少し違うニュアンスが加わっていることに注目しておく必要があります。「否運を牽き出すべき線は滑膩油沢なる柔軟のものである」という点です。柔らかいもの，つまり安易な選択や楽をしてしまったら運は巡ってこない，と言っています。「代償なくしては，なにも得られない」という論理を見て取ることができます。苦痛なく得られる幸運というものが，徹底的に否定されています。後の節で改めて論じますが，努力して苦しんだものこそが尊い成功である，という極端なまでの禁欲主義は，その後の私たちの社会の中で，自分たちの精神を圧迫し続ける原因にもなっていきます。

2.3　戦争と我慢──否定形としての我慢

　「我慢」とは日本社会を支えてきた美徳でしたが，一方で，私たちの社会に大きな負担をかけてきたことも忘れてはならない事実です。我慢をすることによって，私たちは社会の中の何かを隠蔽し，存在しないものとして無視してしまうことがあります。

　例えば，ここで言う努力と苦痛の精神性が，戦時中の軍国主義を支持する感情へと連続していくことも忘れずにいなければなりません。その最たる例が，戦争標語「欲しがりません，勝つまでは」でしょう。欲しがらない，つまり，欲望を表現しないという否定形の意味になっています。第2次世界大戦中，戦況が傾く中で市民の意気を挙げようと公募された標語は，日常生活と戦争を結

びつけ，戦争を肯定的に受け入れる装置となっていました。太平洋戦争中に一般公募によって選出された戦時標語として，最も有名なものの1つ，「欲しがりません，勝つまでは」は，現状の困窮に耐えて，戦争という勝利の栄誉を手に入れるというロジックです。

この標語の中では，ぎりぎりまで苦境を耐えて体面を保つという，痩せ我慢の美学が，軍国主義のロジックと限りなく近づいていました。現代の私たちは，ここで言う「勝利」は，戦争の悲惨さの前では，何の栄誉ももたらさないと学んでいます。

2.4　我慢は，古めかしい，過去の遺物なのだろうか？

我慢と代償の精神史は，幕末や戦時に限った話でしょうか。我慢するという態度は，日本社会の中での美徳として，消されることなく，むしろ強調される形で受け継がれていきます。

今西祐行の『一つの花』は，1956年に出版されて以来，1980年代には，教育出版，光村図書，日本書籍といった教科書にこぞって掲載された児童文学作品です。物語は，戦争中，ゆみ子がまだ幼児だった頃から始まります。ゆみ子が「はっきりおぼえた，最初のことば」は，「一つだけ，ちょうだい」でした。いつも空腹を抱えていた彼女は，いつも「もっと」「もっと」と言っていくらでも欲しがるのでしたが，それに対して，母親は「じゃあね，一つだけよ」と言って，母親自身の皿から分けてゆみ子に与えていたので，ゆみ子は「一つだけ」と言えば，その意味も分からないまま，とにかくもらえると思っているのでした。

ゆみ子は，食べ盛りの幼児にもかかわらず，「ひとつだけ」と自分の欲求を律することを覚えてしまったという設定は，戦争中の貧困状況を読者に訴えます。作品の中で，ゆみ子は「かわいそう」な子供として描かれ，母親もそんな彼女の姿に胸を痛めている様子が描かれます。前節で触れたように，戦争では我慢が当然のものとして強要されていたのですが，それが，まだ判断能力のない幼児にまで影響を及ぼしているという状況は，戦争の不条理を描いている作品として，反戦メッセージとしてこの作品は大変評価されました。もう我慢を強いるような社会には，二度と戻らないように，という戦争への戒めの物語と

して読まれたのです。この意味で，我慢の必要ない社会を希求する物語だと言えるでしょう。

　このように「一つの花」は，豊かになった時代に平和教育として読まれましたが，一方で，実際に読まれた時代を考えると，「我慢」に関する，もう1つのメッセージを発しているように思えます。つまり，際限なく「もっと」欲しがるのではなく，「一つだけに」「我慢」しておきましょう，というメッセージです。ゆみ子の「もっと」は，赤ん坊であれば当然の生理的欲求です。しかし，高度経済成長を経験し，バブル経済を迎えつつあった80年代後半からすれば，「もっと」は消費文化の中の欲求を連想させます。戦後の経済的発展において，ゆみ子の「もっと」は，戦争中のはかない願いではなく，現実にかなえることのできる欲求になりつつありました。

　しかし，欲しがることを完全に否定することはできません。戦後の日本の活力になってきたのは，アメリカやヨーロッパ先進国に「追いつけ，追い越せ」という目標であり，西洋式の生活水準を欲することが戦後社会の活気を支えてきたのですから，欲望を完全に否定することはできません。欲望とは，希望と連続しています。この物語は，「飽食の時代」と称され物質的に豊かだった時代への戒めとして受け取ることができます。「平和ボケ」という表現が生まれ，戦争を知らない世代が，決して戦争を忘れないようにと警鐘がならされた時代だったのです。

　自ら何かを欲すること，つまり希望を持つことを支持しつつ，欲しがりすぎないこと——つまり，バランスの取れた欲望を持つことが，戦後の日本の美徳になっていきました。この作品の持つ威力とは，こうした「我慢」に関する相反するメッセージを内包している点です。「我慢」という語を通じて，戦争中と戦後の2つの時代に関する教訓を読者に与えてくれます。戦中のように我慢を強いられるのは辛く悲しいことであるという気持ちと，際限なく大きくなる欲望に対する戒めです。戦争が終わり，我慢の時代も終わりを迎えたのではなく，新しい我慢が現在も続いているのです。

3 「我慢」を民主化する

ここまで,「我慢」という語の概念や,それが表す精神の有り様について概観してきました。言葉は,社会の価値観と直結しています。例えば,Libertyと Freedomは,日本語ではどちらも自由としますが,英語圏,とりわけアメリカ社会にとっては,両者の違いは重要な意味を持ちます。Libertyとは,革命によって自ら獲得した自由という意味合いが強い語として存在しています。アメリカ社会の中にある独立,個人,自由といった概念と響き合いながら,Libertyには特別なニュアンスがあるのです。それと同様に,「我慢」という語の背景にある,私たちの社会の価値観を考えていきましょう。

3.1 「我慢」と身体

我慢の様々な意味を,社会の中の現象とともに振り返ってきましたが,どれにも共通するのは,耐える,威厳を保つ,節度を知る,どれもが,「変化」を伴わない動詞だということです。つまり,どちらかと言えば,現状維持,これまでの蓄積を維持するということを意味しています。動作として考えてみても,体を張る,つまり,全身の筋肉に力を入れている「状態」や「状況」はイメージできても,具体的な体の「動き」や「動作」を連想することはできない。かといって,情動動詞である「考える」「思う」といった思索作業を意味しているのでもないのです。我慢する,というのは,体と感情との両方が同居する面白い言葉です。

小説家・田辺聖子は,大阪の生き生きとした社会を描き,そのパワフルなキャラクターでも知られた女性作家です。彼女は,17歳の時に,終戦を経験しました。軍国少女であった自らの体験を綴った,自伝的小説『欲しがりません,勝つまでは』にまとめられています。作者の分身でもある主人公は,敗戦を迎え,それによって世の中の価値観ががらりと変わったことを「驚天動地」の出来事として描いています。「天が地に。／地が天にひっくりかえった。／十七年間たたきこまれた世界観も価値観もくるりと逆さまになった。」と書いています。

そして,主人公の「新しい」心情を描く文章には,「動作」を連想させる動

詞が加わり始めます。「もう誰のいうことも信用でけへん」と強く思い、「遠い物音に耳すますように、私は考え」ようとします。そして、自分の後半の人生は、「きっと自分の遠い心のおくそこの声だけを聞く、他人にあやつられない人生でありたい」と思うのです。「耳すます」や「聞く」といった動詞のほかにも、「あやつられない」も重要な表現です。「あやつられる」とは、つまり「他人の意のままになる」ことであり、その否定形は、「他人の意のままにならない」つまり、「抗う」という意志が彼女の中に芽生えているのです。この作品では、戦争が終わり、思考が能動的な動作と結びついた瞬間を、民主主義の到来として描いています。民主主義とは、能動的な行動によって表現されるものだったのです。

3.2 「我慢」とリベラリズム

もちろん、そうは言っても、戦後の世界がみな能動的な動詞で表現されてきたのかと言えば、そうではありません。私たちは、現代においてもまだ日本社会の中の民主主義はどんなものなのかを模索し続けている途中にあります。

我慢と同じように、静的な動作で概念を説明する語に、「責任」があります。この語を考えるには、それに対応する英語の「responsibility」を考えてみるとよいでしょう。明治期に、この概念を英語から輸入するにあたって、責任という漢語が当てられました。責を任じる、つまり責（義務）を引き受けるという意味です。よく「責任を負う」という表現も使いますが、この表現からも分かる通り、「責任」とは、義務を「背負う」とか「引き受ける」といった動作、つまり外部からの力を「受動的」に要素が強くなっています。

それに対して、英語の語源を詳しく見てみると、response（反応する）＋ability（能力）という構成になっており、直訳すれば、責任とは「反応できる能力」のことなのです。さらに、responseはその語源においては、replyやreturnといった動作を意味しています。外部から、ではなく、外部へ発信する動作のことなのです。こうした動作の面から見ると、「responsibility」と「責任」は、場合によっては反対の意味にさえなります。

能動的な動作から、受動的な動作になることによって、言葉のニュアンスがどう変わるでしょうか。「責任」の方が、とかく外部から押しつけられた、重

い荷物といったニュアンスが加わります。それは，私たちが「責任」という語から連想するイメージと重なってくるのではないでしょうか。「責任逃れ」とか，「責任が重い」といった表現からも分かるでしょう。「責任」が身動きがとれない状態であるのに対して，「responsibility」は，相手に向かって何らかの反応をする意思が強調される語になっているのです。この違いは，戦後の日本社会にまで続く精神の有り様を表現しています。2000年代になると，「自己責任」という表現が，メディアや日常生活の会話の中に頻繁に登場するようになってきました。「責任」はそもそも，外部から来た何かを自分で背負う作業だったにもかかわらず，そこにさらに「自己（で）」という説明書きが加えられたのです。それはほとんど，同語反復に近い奇妙な表現です。それほどまでに，現在の私たちの社会は，「1人で背負う」ことが大前提となっている社会なのです。

3.3 「我慢」を解きほぐすために——「禁じる・隠す」から，「発信する」へ

しかしながら，これまで見てきた通り，「我慢」は決して否定的な意味合いばかりではありません。それは，少なくとも戦後の日本の経済成長や，クールジャパンに至るまで，日本的な文化を豊かにし，日本の美徳を支えてきた概念でもあるのです。私たちには，「我慢」を完全に捨て去ることを考えるのではなく，新しい「我慢」の意味を生み出すことが必要なのです。田辺聖子の主人公が，聞き，考え，抗うことを自ら「欲し」，「ほしがらない」過去から，能動的な欲望へと変化していったのと同じように，私たちも，新しい「我慢」という動作を獲得していけるでしょうか。

1つヒントとなる発想が，アメリカの市民社会の中に見つけることができます。それは，「熟議（deliberaration）」という語です。この語の具体例の1つは，「タウンミーティング」と呼ばれる，住民同士の会合があります。これは，住民対行政や企業が話し合う場である時もあるし，住民だけが集まって，住民の「総意」としてどのような意思決定を行うかを決めるための話し合うことを意味する場合もあります。これ以外にも，成人のための教養講座，いわゆる市民講座のような場所でも，徹底的に議論する，という方法が学習手段として採用されることもよくあります。

90

アメリカは，民主主義を自分たちの名札として誇りにしてきた国ですが，アメリカにおいても，いままで一度として民主主義が静的に意味が固定してきたことなどありません。常に，アメリカの民主主義とは何か，という話題は湧き起こり，その度に数限りない議論や会話が尽くされてきました。アメリカは，民主主義が完成している国なのではなく，常に様々な立場の人々がそれについて議論の限りを尽くしてきた伝統がある，とは言えるでしょう。そう，民主主義とは，とてつもなく賑やかで騒がしいものなのです。

　「熟議」について，ジョン・ギャスティルは，「熟議においては，しばしば，その主催者さえ，うんざりすることが多々ある」と書いています（『熟議民主主義ハンドブック』現代人文社，2013年）。つまり，民主主義を獲得するための手段として，「熟議」が行われたとしても，決してそれは，簡単なものでもなく，非常に根気がいる，面倒な作業になっています。しかし，それでも，「熟議」というスタイルが，アメリカ社会の中で完全に忘れ去られるような気配はありません。今日も，アメリカのいたるところで，規模の大小はあれ，様々な議論が湧き起こっていることでしょう。

　私たちがこれから「我慢」するとすれば，「熟議」を続けていくための我慢であるべきです。根気よく議論を続けていくための我慢です。それには，ただ黙って声を押し殺しているだけでは無理でしょう。見つめ合って無言で意思疎通をするには，世界はあまりにも複雑に，そして，大いなる可能性を抱えながら，多種多様な社会になりました。日本も決して例外ではないのです。いつか限界がきて，身体的でも精神的でも破綻をきたしそうです。そうではなくて，社会の難題について，根気よく語り続けるための方策を生み出していきたいものです。持続的に語るためには，緊張ばかりではなく，体を楽にして挑むことも必要かもしれません。我慢する，という語に，冷静にしかし安らいだ気持ちで，といったニュアンスが加わる社会もいつか訪れるかもしれません。

　「我慢」とは，単なる個々人の感覚なのではなく，社会の至る所で共有されている感情のかたまりと言えるかもしれません。社会と産業や人間の有り様を考え続けた文学者レイモンド・ウィリアムズは，日常生活の経験を通じて個々人が皆共通に感じ取る集団的な感情を「感情構造」と呼び，それこそが文化的な営みそのものだとしました（山田雄三『感情のカルチュラル・スタディーズ』開文

社出版，2005年）。例えば，皆川先生が次の講で論じられる都市工学をめぐる様々な空間にも，本講で挙げた「我慢」という感情構造と連動している領域です。戦後日本の発展の象徴である建造物や都市空間は，単なる技術の総体なのではなく，根気よく努力する精神や，それを誇らしげに思う気持ちや，己を賭して限界まで耐えてしまう性分，私たちの営みのすべてが織り込まれているのではないでしょうか。

　日本人の美徳を継承しながら，これまでの限界を乗り越えるための新しい精神と体のあり方を検討する——それこそが，ポスト3・11の時代のスタイルであり，そのヒントが「我慢」という精神の中にあるのです。それでは，皆川先生に，始めていただきましょう。

第6講

シビルエンジニアが市民のための技術者であるために

皆川　勝

1　市民の安心と我慢

1.1　「信頼」を考える

　災害がしばらく発生しないと，市民には安心感が生まれ拡大します。また，発生した後には，我慢を強いられます。これらの「安心」と「我慢」は，災害の前後に生じる人間の心理状況ですが，いずれも，適切な情報を得られていないにもかかわらず自分の内部で納得してしまうという共通点があります。

　専門家である土木技術者の仕事に信頼を持っている市民は，相当の苦難にも我慢することができるでしょう。市民は社会基盤に基づく社会の安全について専門家である土木技術者に多くを委ねています。プロフェッショナルである技術者の判断は適切であるという市民の持つ信頼感があればこそ，市民は安心して社会生活を送ることができているという感覚を持つことができます。ここで一般的な用語として「信頼」という言葉を用いましたが，この言葉が何を意味するのかを考えておくことは，市民と技術者の絆を考える上で有益でしょう。

　図1に，山岸による「信頼」の定義を示します。私たちか技術者について考えるべき「信頼」とは，道徳的秩序に対する期待に基づくものであり，それは技術者の能力に対する期待と，技術者の意図に対する期待からなります。能力に対する期待は言うまでもなく専門家としての知見の有用性に関係しています。一方の意図に対する期待とは，動機と言い換えることもでき，公平性，公正性，

93

図1 山岸による信頼の分類

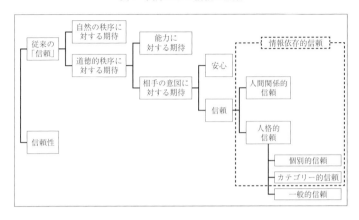

客観性,一貫性,正直性,透明性,誠実性,思いやりといったものに基づいています。

相手の意図に対する期待は,情報に依拠しない「安心」と情報に依拠する「信頼」に分けられます。信頼とは,不確定な要因が存在することを認識した上で相手を信用することです。安心とは,不確定な要因が存在することを認識せずにいられる状態です。さらに,「信頼」は,「人間関係的信頼」と「人格的信頼」に分けられます。このうち特に重要なのは後者です。

1.2 災害における人々の信頼

3.11を経て,土木技術者は技術のみで実現できることの限界をあらためて知ることとなりました。巨大防潮堤に津波から守られていたかに見えた岩手県田老町では,その防潮堤に守られているという安心感により,あるいはその巨大さゆえに津波を見ることができなかったことにより,多くの住民が逃げずに津波の犠牲となりました。世界最大の湾口防波堤に守られていた宮城県釜石市では,やはり緊急の避難行動を取らずに多くの犠牲者を出しました。石巻市立大原中学校では,地震後に数十分にわたって避難するべきか否かを議論していたことが一因で,逃げ遅れ多くの生徒や教師が犠牲となりました。

このように,1000年単位で発生するような巨大な自然現象に対しては,ハ

ードウェアのみでは市民を完全に守ることはできないのです。市民は，今後の同様な災害に対してどのように向き合えばよいのか，それに対して土木技術者はどのようにその役割を担うのかを考えてみたいと思います。

　第1に，自然の力は人間が想像できない規模で時に人間に襲い掛かることを市民も技術者も忘れないことでしょう。岩手県と宮城県における被災状況を比較すれば，宮城県においてその規模が大きいことは明らかですが，その主な原因は，過去に経験した津波被災の規模と頻度が圧倒的に小さかったことです。安心が被災の拡大を生んだのです。

　第2に，安心してはならないのということは当然として，常に不安を抱えることによるストレス状況をいかに回避するかということです。非常事態が発生した時，それを無視して正常な状態が続いていると見る認知バイアスを正常性バイアスと言います。災害科学者はこういった心理を，「危険を無視することによって心的バランスを保とうとする一種の自我防衛規制」であると捉えています。いつ起こるか分からない災害に対して，常に心を研がしていると，ストレスは高まるばかりです。冷静にリスクの存在を受け入れ，専門家や行政の提供する情報を理解するように努め，しかしそれを鵜呑みにすることなく災害に対する行動が起こせるように備えることでしょう。

　それでは，これらのことを市民がなすためには，土木技術者はどのように貢献できるのでしょうか。

　第1には言うまでもないことですが，防波堤その他のいわゆるハードウェアの整備です。これにより，一定の規模までの自然災害から市民を守ることができます。

　第2には，ハードウェアの性能はあくまで設計時の外力の想定に対するものであって，特に不確定要因の大きい自然災害の場合には，ある確率でこのハードウェアの性能を超えた超巨大災害が発生することを踏まえてソフト技術の開発と運用を図ることです。津波を例に取れば，巨大津波が来る可能性がある場合にはすぐに逃げることが最善の策であることを踏まえて，避難所・避難ルートの整備や避難指示・誘導行動の徹底をいかに図るかを研究しその成果を常に市民に発信し，コミュニケーションを取り続けることです。

第6講　シビルエンジニアが市民のための技術者であるために　　95

2. 土木技術者と日本近代

2.1 明治から昭和初期の土木技術者

　外国との交流が厳格に制限されていた江戸時代から，やがて西欧諸国との国力の差を目の当たりにするようになり，明治維新を迎えた指導者たちは近代的科学技術を西欧から積極的に取り込むこととなりました。江戸時代までの土木技術の発展の段階を見れば，もともと，日本人は新しいものを積極的に自分のものとして吸収しそれを発展させる気質を持っていたことは明らかであり，その開花の時期を近代化がいっそう早めたと言うことができます。

　西欧の近代科学を取り込む方法は，中央政府，地方政府，財閥などが外国人専門家を厚遇で雇い，指導に当たらせる「お雇い外国人」の制度でした。維新後に最も重視された政策は鉄道敷設であり，明治元年から22年までに雇用された土木技師は146名であり，そのうち108名が当時鉄道技術の先進国であったイギリス人であり，職業別に見ても59名が鉄道関係（敷設・建設）であったことからも分かります。明治10年代半ばには欧米へ留学した日本人が帰国して日本人技術者として活動するようになりました。一方，お雇い外国人の中には，日本の自主独立を願って努力した人々がいたことは，その後の日本における土木技術の発展にとって幸いでした。

　例えば，新橋・横浜間の鉄道敷設に尽力したモレルは，鉄道建設は日本人の手によって実現されることが重要であると説き，また，技術者養成のための機関の重要性を主張しました。この進言は，のちの工部省工学寮（のちの工部大学校。東京大学工学部の前身）の設置へと結実しました。

　オランダ人のファン・ドールは，猪苗代湖の水を安積平野に導く安積疎水工事を指導したことで有名ですが，日本の河川や港湾工事に学問的基礎を与えました。また，ヨハネス・デレーケは，29年間日本に滞在し，多くの河川・港湾・砂防・下水道事業を指導し，一生を日本の水工技術の発展に捧げました。

2.2 明治の土木技術者伝

　明治以降の日本の科学技術の目覚ましい発展が近代化の主要因でしたが，これは欧米技術者に依存したキャッチアップとそれに並行して行われた欧米への

写真1　土木学会初代会長・古市公威
（土木学会ウェブサイトより）

写真2　琵琶湖疏水を引いた田辺朔朗
（筆者撮影）

留学生派遣の成果でした。ここでは，明治時代の代表的土木技術者・指導者として，古市公威と田辺朔郎について紹介します。

　古市公威（**写真1**）は，当時の最高学府であった東京開成学校の生徒から選抜された11名のうちの1人として，すでにフランス語を習得していたこともあり，当時の技術系教育の最先端国であったフランスに，21歳であった1875（明治8）年から5年間留学しました。留学先のエコール・サントラル（中央工業大学）で工学士の学位を取得した後，パリ大学理学部に入学，同校を卒業して理学士の学位を取得しました。

　帰国後の古市は，内務省土木局の勤務を皮切りに32歳の時に帝国大学工科大学の初代学長，40歳の時に内務省初代技監となって，44歳で後進に道を譲るまで行政および教育全般の確立に尽力しました。その後は，山県有朋の信望もあり，大陸政策の1つとして鉄道敷設などに尽力しました。古市が土木学会の設立に際して述べた土木技術に関する考えについては後述します。

　田辺朔郎（**写真2**）は，外国人技術者に頼らずに，琵琶湖から京都市に水を引く琵琶湖疎水事業を京都市のプロジェクト最高責任者として完成させました。

写真3　田辺朔朗が執筆した疎水に関する卒業論文の表紙
(疎水記念館にて筆者撮影)

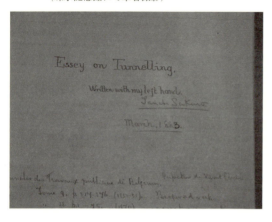

当時，京都は東京への事実上の遷都により衰退の道を辿っており，また慢性的な水不足に悩まされていました。そこで，工部大学校の学生であった田辺朔朗は，卒業論文でこのテーマを選び，すべて英語で論文を執筆しました。論文執筆中，右手にけがをした田辺は左手で2冊のうちの1冊の論文を執筆したことはよく知られています。**写真3**に左手で執筆された論文の表紙を示します。「隧道編については左手で執筆した」と英語で記されています。一方，当時の北垣国道知事は水不足，エネルギー不足を打開する事業を構想しており，大学卒業直後の若い田辺を雇用し，主任技術者としてこの事業に当たらせました。まさに土木技術がわが国において自立したことを示す事業と言えるでしょう。疎水は今もなお琵琶湖から京都へ水を導いており，南禅寺近くの水路閣は人々に親しまれている遺構となっています(**写真4**)。

3　土木技術者と総合性

3.1　日本工学会の設立

　現在，日本の土木技術者の集う学会は，1914 (大正3) 年に創立された土木学会であり，2014 (平成26) 年で創立100周年を迎えました。この土木学会が創立される以前，土木工学者の多くは工学会に属していました。工学会とは，1879 (明治12) 年，東京大学工学部の前身である工部大学校の卒業生が設立した我が国初の工学関係の学会です。現在では，個々人が集う会としての機能は薄れ，学会や協会がその構成員である連合組織で，加盟する学協会の数は98に上り，総会員数は60万人を超えています。

写真4　疏水が流れる南禅寺水路閣（筆者撮影）

　ここで，工学会の小史をその創成期に絞って，同会のホームページから以下に引用します。

- 日本工学会は，創立当初は「工学会」と称し，明治12年（1879）11月18日旧工部大学校の土木，電気，機械，造家，化学，鉱山，冶金の7学科第1期卒業生23名が相互の親睦，知識の交換を目的とて創立。創立当時は工部大学校の卒業生だったが，同大学以外の関係者に門戸を開放し，我が国の工学・工業の発展に貢献した。主な事業は，工学会誌（機関雑誌）（明治14年に創刊し大正10年まで452巻）を刊行，講演会の開催，会員功績者の表彰，災害予防調査，政府委嘱委員の選出，工業教育の助成等，わが国工学界に尽力するところが漸次顕著になった。
- 明治23年に宮内省から御手許金1千円の御下賜があった。
- 明治34年1月31日社団法人の許可があった。
- 工学の発展ともに各専門が成長して会員が増加するにつれ，会員の間に専門分野別独立団体創設の気運が高まり，大正11年，従来の個人会員組織を改めて，専門学会を会員とする団体会員組織とした。当時の会員は次の12学会で，各学会間の連絡を図り，その共通事項を処理し，わが国工業および工芸の振興に協力することを記した。（日本鉱業会，造家学会，電気学

会，機械学会，造船学会，土木学会，鉄鋼協会，照明学会，電信電話学会，工業化学会，火兵学会，暖房冷蔵協会）

このような工学会の発展に並行して，日本鉱業会，建築学会，電気学会，造船学会，機械学会，工業化学会が1885（明治18）年から1898（明治31）年の間にそれぞれ独立して創設されました。例えば，日本機械学会の例を見ると，同学会のホームページには，「その後，工学の発展に伴い各専門分野の研究が盛んとなって専門別の学会が設置され始め，本会も1897年（明治30年）に真野文二博士を代表者として創設されました。真野文二博士は1886年に渡英してInstitution of Mechanical Engineersの会員となり，同会の会員が大学の学位以上に尊ばれているという実情に驚き，帰国後本会の創立を提唱するに至ったものです」との説明があります。すなわち，各分野の研究がさかんになることに伴った，先進国における技術者重視の現状に鑑みた設立でした。学問分野を深く探求したいという研究者・学者の希望が各分野の学会設立を導いたと見ることができます。

3.2　土木学会の誕生

土木技術者に関しても，ことは同様でした。『土木学会創立20周年記念略史』（昭和9年）によれば，「文化の進展に伴って専門分業すなわちスペシャリゼーションの必要を感じるは一般の法則であって，わが土木学会もまたその法則によりその設立を提唱せられたのである」とあり，産業発展の目覚ましい時代の勢いを受けて，まさに満を持しての結成だったことが分かります。

設立趣意書によれば，趣旨は以下の通りでした。

- 西欧諸国では，分野ごとに学会を設立し，大いに研究・研鑽に励み，出版等の活動も盛んである。
- 国内でも，建築学会等が設立され活動していることは工学界にとって喜ばしいことである。
- しかし，土木に関しては人材も豊富で事業も活発であるのに学会が設立されないのは誠に遺憾である。
- ぜひ設立をして，土木工学の進歩と土木事業の発達に資するべきである。

このように，他の分野に後れを取っている状況に大きな危機感を持ち，設立の強い流れがつくられたものと見ることができます。

3.3　専門分化は土木の否定

　このように設立されることになる土木学会の初代会長が古市公威です。古市公威は，主要な分野の学会がそれぞれ設立された後の1900（明治33）年に工学会の副会長となりました。しかし，古市は，土木関係者による土木学会設立の強い要望に反して，工学会の将来を案じ，むしろ学会設立には消極的でした。彼は，過度の専門分化を否定し工学の総合性を求めていたのです。

　しかし，一方で，上述の通り，スペシャリゼーションの動きは強く，ついに彼は土木学会の設立に賛同し，その初代会長となることに同意するのです。

　古市は，会長就任にあたり，この専門分化の危惧と土木技術者の役割について述べています。少々長くなりますが，要約して以下に紹介します。

- 土木学会の方針について所見を述べ，会員諸君に考えてもらいたい。
- 工学会設立時はまだ我が国の文明が幼稚であり工学に関するすべての分野を包含したのは自然なことであった。
- 土木分野でも鉄道協会が設立され，日本鉄鋼協会設立の動きもあり，土木内でも分科が進みつつある。
- 専門分業は一般的な法則であり，土木学会もそれに従って設立された。
- しかし，専門分業の方法および程度は取捨するべきものである。
- 留学先のフランス・エコールセントラルでは，「工学は一なり。工業家たる者はその全般について知識を有せねばならぬ」という主義を設立当初より守っている。ある教授曰く，「本校の卒業生は卒業証書と共に一束の鍵を得て，相当の地位を得るために数箇所の門扉を開き得ることを必要とする」と。
- 自分は極端な専門分業に反対する。専門分業の文字に束縛されて萎縮ししまうことは，大いに戒めるべきことである。
- 本会の会員は技師である。技手ではない。将校である。兵卒ではない。すなわち指揮者である。
- 工学所属の各学科を比較しまた各学科の相互の関係を考えるに，指揮者を

第6講　シビルエンジニアが市民のための技術者であるために　　101

指揮する人，すなわち，いわゆる将に将たる人を必要とする場合は，土木
において最も多い。

- 土木は概して機械，電気，建築などの他の学科を利用し，密接な関係を持つ。
- 本会の研究事項は，土木を中心として工学における他の学科へと八方に発展することが必要である。
- また，工学の範囲にとどまらず，経済，行政，衛生はもとより，いまだ学科のない分野も含め，研究するべき事項の広がりは限りがない。
- また，なによりも，学会員は人格高きものでなければならない。

このように古市は，工学会から独立して土木学会を設立するに際して，土木の持つ総合性という特徴とその重要性に対する見解を全学会員に強く訴えたのです。

3.4 土木学会はいま

土木学会はいま，7部門を有し，それぞれの分野において多様な研究活動が行われています。この中で，古市の提唱した「総合性」はどのように理解され，実践されているのでしょうか。かなり専門分化が進み，古市の危惧した過度の専門分業がいっそう進展しているように思えます。大学教育においても，この専門分野を尊重した体制を敷いている大学は多数派でしょう。その結果，土木の社会貢献をあるいはゆがんだ方向に向けていないでしょうか。その是正は将来の土木技術者の社会貢献を本来あるべき姿に戻すためにぜひ必要なことではないかと思います。本来，「計画」，「設計」，「マネジメント」，「環境」などの分野は総合的な活動であり，それを一部門の中に閉じ込めていては，真の社会貢献はできないのではないかと思えてなりません。

4 市民は土木技術者をどう見てきたか

4.1 土木という言葉

土木学会・新土木図書館会館記念式典において丹保憲仁前会長（当時）は記念講演で次のように述べています。

「土木」という言葉の語源となったのが『淮南子』という本であります。紀元前2世紀頃の本だと思いますが，その13巻にこんなことが書いてあります。ここに記載されている『築土構木』という言葉，これを明治時代の先人が詰めて「土木」として，われわれのグループの名前にされたわけです。

　　古者は民，澤處し復穴し，冬日は則ち霜雪霧露に勝へず，夏日は則ち暑熱蟁蝱に勝へず，聖人乃ち作り，之が為に土を築き木を構へて，以て室屋と為し，棟を上にし宇を下にして，以て風雨を蔽ひ，以て寒暑を避けしめ，而して百姓之に安んず（楠山春樹『淮南子（中）』明治書院）

『淮南子』とは，前漢の初め頃，淮南王劉安が，紀元前150年頃に書いた書物のことです。漢文のうち，澤處とは，沢のようなところに住むこと，復穴とは，穴の中に住む，暑熱蟁蝱は暑さおよび蚊・あぶ，宇は屋根で覆われた部屋や大きな家屋のことです。

　すなわち，居住環境を整えたことが「土木」という言葉の語源であり，今日で言う「建築」を含んでいると見ることができます。したがって，この定義によれば，欧米流の「Civil Engineering」と同じであり，建築におけるEngineeringを含む概念となります。すなわち，一般の人々の生活を安らかにすることが本来の土木の役割であると言えます。

　一方，今日，日本の一般的な人々は土木という言葉をどのように認識しているでしょうか。最近は使われなくなっているようですが，よく「土木作業員が○○をやった」と反社会的な行為を行う者が土木に関わるような表現をマスコミは使ってきました。また，年度末になると，年度内の予算の残余を道路の補修などに回した結果として工事が集中しますが，「やる必要もない工事を予算消化のためだけに使って，しかも，歩行や車の運転にじゃまだなあ」などと思われてきたのではないでしょうか。筆者は，大学4年生の頃，すでに大学院への進学を決めていましたが，その頃のわが家の修復工事をしていただいた大工の棟梁にそのことを言うと，「土木は学問じゃないだろう。大学院なんてあったのかい？」と言われたことを鮮明に覚えています。

第6講　シビルエンジニアが市民のための技術者であるために　　103

4.2 人々の持つ土木の印象

　土木と基本的に同じ分野として定義されていた「建築」はどうでしょうか。一般の人は，住宅を生涯で最も高価でしかも価値のある買い物として購入します。そして，その建造の過程は，建築家という専門家による設計と，その後の専門技能者としての大工による建設という2つのプロセスからなると見なします。前者は知的な活動の成果であり，後者は技能の良否が問われます。住宅建設における土木技術の役割は，測量，基礎の構築，ライフラインの敷設などで脇役です。主役は「建築」で，しかも「設計」にあるように思えます。

　また，超高層ビルなどの巨大な建造物を建設する際に，建設会社における土木部門の役割は基礎の構築であり，安全性から最も重要な部分ではありますが，基礎であるため脚光を浴びることは少ないと思います。やはり，耳目を集めるのは地上部分であり，さらに構造よりはそのデコレーションの部分に人々は注目します。つまり，建築の意匠と言われる分野が脚光を浴びるのです。

　しかし，近世から営々と行われてきた土木事業が人々の生活を守ってきたことを理解できれば，「土木」および「建築」という分野がともにバランスよく若い人々の興味と関心を得て，将来の社会の発展に貢献してくれるようになると思います。昭和初期，土木にも「土木家」という言葉が用いられた時代がありました。現代ではすでに失われている言葉であり，土木はチームワークにより成り立つことから，過度に個人の業績を重視する風潮を嫌った結果であるとも受け取ることができます。しかし，これから土木事業に携わる人々が社会から尊敬される技術者であり続けることが，社会の基盤を持続的に形成し続けるために重要なことだと思います。

　日本や韓国では，土木工学と建築工学が異なる分野と扱われていますが，本来同じ学問分野であり，ガラパゴス状態からなるべく早く抜け出すことが重要ではないかと思います。

5　社会の安全と土木技術者

5.1　社会の安全に対する土木技術者の使命

　3.11は，巨大地震とその後に発生した津波により，関連死を含めて2万人を

超える犠牲者を生みました。国土や国民を災害から守る役割は，主として土木技術者が担ってきたことは言うまでもありませんが，この事態に一般の国民は土木技術者の責任をどのように思っているのでしょうか。

　次第に進歩する土木技術あるいは工学技術を用いて，災害に強い国づくりを日本は継続的に行ってきました。しかし，自然の力はなおいっそう巨大で，技術のみではいまだすべての国民の生命と財産を完全に守ることはできないことが明らかとなりました。また，その直後に発生した福島第一原子力発電所事故では，放射能漏れと水素爆発，その後の放射能汚染水の処理など，数十年続く処理を余儀なくされ，全国の原子力発電所を利用するべきか否かの議論を生んでいます。

　これらの事態に関する国民の思いを，第1節で述べた「信頼」という観点から整理してみたいと思います。信頼には「能力に対する期待」と「意図に関する期待」があることを述べました。

　東日本大震災については，自然現象としての津波の巨大さは湾口防波堤などの設計時の想定を超えていました。想定を超える津波が発生する可能性があることを国民に分かるように説明し，いざとなったら逃げるべきであることを説明しきれていなかったことは反省されるべきです。また，人には，物事を単純化して理解したいという欲求があり，防波堤の強度・高さは十分か不十分かの二者択一を好みます。ハザードマップについても過信してしまう可能性がかなり高いと言えます。

　一方，土木技術者の意図に関してはどうでしょうか。湾口防波堤の規模は数百年に一度の確率で起きる津波を想定しており，意図的に規模を小さくしたものではないことは明らかです。また，各地に想定されているハザードマップにも，そのような意図は含まれていません。両者とも，万能ではないということが一般の人々に本来の意味で認識させることができていなかったのです。これは，土木技術者の意図ではありません。このように，東日本大震災全体については，土木技術者の主として人々とのコミュニケーションの在り方を含むソフトウェア技術が未熟であったことにより専門家としての能力に関する期待を損ねたものであり，意図に関する期待は崩壊しておらず，適切な対応によりその信頼を回復することができると考えます。

一方，福島第一原発の事故についてはどうでしょうか。津波により発電所は水没し，非常用電源を含むすべての電源が喪失して，冷却機能が失われました。冷却機能を失った原子力発電は暴走するトラックのごとくでした。また，上述のように津波の想定はあくまで設計の想定であり，それ以上の津波が発生しないことを保証するものではありませんでした。原子力発電所を津波が襲った時の起こるべき事象を考えれば，その重大さは通常の市街地を襲う場合とは比べ物にならないほど大きいと言えます。したがって，津波が堤防を越えてもなお，冷却機能が失われないということは絶対条件であるはずでした。しかし，津波防御は絶対視され，しかも，水没にきわて脆弱なシステムでした。

問題の第一は，津波高さの想定の問題でしょう。事故前には想定を超える津波が発生する危険が一部の有識者により指摘されていたものの，それは無視されました。コストをかけたくない，安全であるという神話にすがりたい，という決定者の意思があったと考えます。また，水没に脆弱な電源システムは，アメリカからの輸入システムをそのまま使わざるをえなかったという問題はあったものの，総合的な観点からこの問題を考えていなかったものであり，原子力関係者の権威を過大視した結果であったと言えるのではないでしょうか。原子力発電という総合的なシステムにおいて，土木を含む多様な関係者の総合的なシステム構築・管理という視点を欠いていたのではないでしょうか。その意味で，能力に留まらず意図に関する期待がかなり損なわれたと言っては言い過ぎでしょうか。

5.2　土木技術者と倫理

土木学会の倫理・社会規範委員会では，数年にわたる企画運営小委員会（筆者が小委員長）の活動，および平成24年7月からの倫理規定検討部会（依田照彦部会長）での活動において，「土木技術者の倫理規定」の改定の是非の検討をしました。そして，平成25年5月10日の理事会での審議の結果，倫理規定検討特別委員会（阪田憲次委員長）を設置しました。そして，平成26年5月9日の理事会にて倫理規定を改定しました。2014年11月に100周年を迎えるにあたって，国土や国民の安全を守るため，社会の信頼を回復するため，土木技術者の使命と倫理に関する考えを再構築することが改定の主な目的となっています。

土木学会は，他の工学分野に先駆けて，昭和13 (1938) 年に「土木技術者の信条・実践要綱」を青山士前会長 (当時) のもとで制定し，学会の先進性を示しました。また，平成13 (1999) 年には，高橋裕前副会長 (当時) のもとで，「土木技術者の倫理規定」を制定しました。このように，土木技術者は，これまでも，技術者の使命と倫理についての発信を続けてきました。

　しかし，東日本大震災による2万人を上回る犠牲者を出したことに対する反省から，そして，技術者がより主体的に，自律的に倫理的な行いを実践してゆくことができるように，という要請があり，倫理規定改定の機運は一気に高まりを見せました。

　そのような過程を経て「土木技術者の倫理規定」(平成26年版) が制定されました。この新しい倫理規定は，「倫理綱領」と「行動規範」から構成されています。「倫理綱領」は，「土木技術者の信条」の理念を継承し，土木技術者のあるべき姿を格調高く示しています。また，「行動規範」は，「倫理綱領」を基に，技術者が守るべき行動を項立てしたものです。以下，「倫理綱領」および，「行動規範」の一部について，その内容と考え方を紹介します。

　倫理綱領の全文は以下の通りです。

倫理綱領

土木技術者は，

土木が有する社会および自然との深遠な関わりを認識し，

品位と名誉を重んじ，

技術の進歩ならびに知の深化および総合化に努め，

国民および国家の安寧と繁栄，

人類の福利とその持続的発展に，

知徳をもって貢献する。

　「倫理綱領」は土木技術者の根本的な使命，専門家としてのあるべき姿を記したものであり，土木の特徴，技術者のあり方，技術者の使命という構成となっています。社会および自然との関わりは他の工学分野にない土木の特徴であ

り，またその関わりは底知れないものであり，「深遠」と表現されています。

「知の深化と総合化」では，特に「総合化」が土木の特徴を表す必須項目であることを示しています。「安寧」とは世の中が穏やかで安定していることを示し，「安全」を含むより広い概念として用いています。「人類の福利……」において，全地球的な貢献をすることを表現しています。すべての条文が当然のこととして全人類を対象としているのです。

「国民および国家の」については，「市民社会」，「現在および将来の人々の」などの対案もありましたが，それらも含みつつ，我が国に対する土木技術者の使命をより明快に表現したものです。「国民」という用語を用いるから日本に住む外国人はすべて対象外とするものではありません。

次に，「行動規範」の全9条のうち，市民・社会と技術者の関わり方について記載をしている条文について説明をします。

まず初めに，この行動規範が第一に掲げるのは，「第1条（社会への貢献）」です。

第1条（社会への貢献）

公衆の安寧および社会の発展を常に念頭におき，専門的知識および経験を活用して，総合的見地から公共的諸課題を解決し，社会に貢献する。

「公衆」とは，技術倫理においては，「技術業のサービスによって，その結果について自由なまたは良く知られた上での同意を与える立場になく，影響される人々」であり，公衆は人々の一部です。

本条では土木技術者の社会貢献を定めており，公衆の安寧と社会の発展のために土木技術者が果たすべき使命を述べています。研究を含む様々な業務を対象とすることから，「公共的諸問題を解決」としています。技術者には「専門分野においてのみ事業を行う」という規範がありえますが，土木技術者にあっては「過度の専門性」につながりかねない考え方であり，これを採用しないこととなりました。まさに，土木の原点回帰を表した文言と言えます。

次に，「第3条（社会安全と減災）」について説明します。

108

第3条 (社会安全と減災)

専門家のみならず公衆としての視点を持ち，技術で実現できる範囲とその限界を社会と共有し，専門を超えた幅広い分野連携のもとに，公衆の生命および財産を守るために尽力する。

東日本大震災のような災害を二度と起こさないよう，社会安全の研究成果を踏まえて，土木技術者の取るべき行動を明確に示す条文として本改定で追加されました。「その限界」，「守るために尽力」という部分で，「防災」でなく「減災」であることを強調しています。「専門を超えた幅広い分野連携のもとに」により，専門性を保持しつつ他分野との連携を重視する考えを明確に述べています。「専門知識および経験」に基づき「技術」が得られ，その技術で実現できる限界があると記すことにより，私たちの有する知見は不十分であるとも言っています。

最後に，「第6条 (情報公開および社会との対話)」について説明します。

第6条 (情報公開および社会との対話)

職務遂行にあたって，専門的知見および公益に資する情報を積極的に公開し，社会との対話を尊重する。

専門家として得た知見や職務を通じて知りえた情報については，守秘義務に配慮しつつ，国民の知る権利を尊重する立場から説明責任を果たすために，公開されることが望ましいものです。その際，公開することが目的化することなく，「公益に資する」ために公開することに留意するべきことを本条では述べています。また，本規定全体において，社会とかい離せず，社会の信頼を得るべく職務を遂行することが土木技術者の使命であることを強調していますが，本条においても，土木技術者が社会から信頼され，その使命を遂行するためには，技術に埋没することなく，常に積極的に社会との対話に努めることが必要とうたっています。

6　おわりに

17世紀にガリレイが近代的力学概念を確立してニュートン力学への道を開きました。そして，これを学問的な基盤として土木技術が芽生えます。1675年にはフランスにおいて工兵隊が組織され，従来軍事目的に使われた技術が非軍事目的にも組織的に用いられることとなり，エンジニアという言葉が用いられるようになりました。1747年にはパリに土木大学が創設され土木技術者の地位が次第に確立されていきました。1818年には英国土木学会が設立され，その誕生に際し技術者は「哲学者と職人の調停者」と述べられています。また，1828年には学会はCivil Engineerを「自然界の強力なる力を，人間の利用と便益のために管理する術……」と定義しました。このように，土木技術者は，非軍事目的に技術を活用する専門家として誕生し，そのための技術の発展に貢献してきました。

土木技術者は，人々の安全と幸福を担うために技術の非軍事応用を使命として，人文社会科学と技能者の間の仲介者として自然界の力を管理するものです。今日，科学技術は多様な進展を遂げていますが，本来の目的のため専門分化の弊害を常に認識して，人々に信頼される技術者となるために努力を続けなければならないと思います。

参考文献

高橋裕『現代日本土木史』彰国社，1990年

国土政策機構編『国土を創った土木技術者たち』鹿島出版会，2000年

広瀬弘忠「避難時の住民心理」『土木学会誌』第97巻，第6号，2012年6月

広瀬弘忠『きちんと逃げる——災害心理学に学ぶ危機との闘い方——』アスペクト，2011年

広瀬弘忠・中嶋励子『災害そのとき人は何を思うのか』KKベストセラーズ，2011年

山岸俊男『信頼の構造——心と社会の進化ゲーム——』東京大学出版会，1998年

林理『防災の社会心理学——社会を変え政策を変える心理学——』川島書店，2001年

広瀬弘忠『巨大災害の世紀を生き抜く』集英社，2011年

広瀬弘忠『人はなぜ逃げおくれるのか──災害の心理学──』集英社，2004年

中谷内一也『安全でも，安心できない──信頼をめぐる心理学──』ちくま新書，2008年

土木学会「創立20周年記念土木学会略史」1934年10月

土木学会社会安全推進プラットフォーム「社会安全研究会報告書　社会安全哲学・理念の普及と工学連携の推進をめざして」2013年6月

土木学会100周年記念事業ＴＦ「古市公威とその世界──土木学会創立と古市公威──」

土木学会「第1回総会会長講演」『土木学会誌』第1巻第1号，1915年1月

土木学会「土木技術者の倫理規定」改訂案，2014年5月

土木学会マネジメント教育小委員会「若き挑戦者たち──国土を支えるシビルエンジニア──」土木学会，2005年7月

京都府「田辺朔朗卒業論文草稿」琵琶湖疎水記念館資料

［コラム］　原発行政史——唯一の被爆国がなぜ原発立国になったのか？

1. 原爆の誕生

　わが国は核爆弾を投下された「世界で唯一の被爆国」です。1938年，ウランの核分裂が実験で確認されると，その軍事利用の可能性が各国で検討されました。日本軍も例外ではありませんでした。そしてアメリカ合衆国はアインシュタインの勧告を受け，コードネーム「マンハッタン計画」の名のもとにいち早く核爆弾の開発を進めました。この計画が45年7月に原爆実験を成功させたことを受け，米軍は8月6日，9日と広島，長崎に原爆を投下するに至ります。アメリカは戦後の国際秩序を見据えて，アメリカ主導で日本を降伏に追い込むのみならず，原爆の威力を見せつけることでソ連より有利に立とうとしたのです。その一方で，終戦後，連合国総司令部は日本に原子力研究の全面的禁止を命じました。

　50年に朝鮮戦争が勃発すると，連合国最高司令官マッカーサーは国連軍司令官に任じられ，翌年，北朝鮮に味方する中国軍に手を焼く中，中国への核の使用を進言します。しかし戦争拡大を危惧した米大統領トルーマンはそれを認めず，マッカーサーを解任しました。

2. 原子力の平和的利用と原水爆禁止運動

　1951年に結ばれたサンフランシスコ講和条約には日本の原子力研究禁止または制限の条項がなく，したがってその研究は全面解禁となります。奇しくも52年，手塚治虫は原子力で動く人型ロボットを主人公にする『鉄腕アトム』の連載を開始しました。アトムとは原子を意味し，兄と妹の名前も放射性元素にちなみコバルト，ウランでした。ここには，早くも原子力の拒絶ではなく，正義のための平和的利用という手塚の未来像がうかがえます。そして53年，米大統領アイゼンハワーは原子力の「軍事的利用」と「平和的利用」の並存をアピールしました。これに対し，資源に欠ける日本は平和的利用による戦後の発展を期待していくことになります。被爆国ゆえの放射能への嫌悪感は低下していったのです。

　一方，54年3月1日，アメリカは太平洋のビキニ環礁で水爆実験を行いました。もちろん，実験に対し操業禁止，立入禁止区域が事前通告されたことを受け，日本の漁船は禁止区域から150キロ離れて操業しました。にもかかわらず，水爆の「死の灰」を浴びることになります（第五福竜丸事件）。船は14日に焼津港に戻りましたが，全乗組員23名が原爆症にかかり，うち1名が死亡します。この事件から原水爆禁止運動が高まることになります。

　皮肉にも，原子力利用の決定はこの事件と並行して下されました。水爆実験の翌日，中曽根康弘（のちの首相）らが衆議院予算委員会に原子力予算を提案し，これは4日の本会

112

議で可決されます。こうして，事業は政府・官僚・財界の協力によりスタートし，科学技術庁（現・文部科学省）に原子力局が設置され，原発推進は国策となりました。ただし，原発設置は民営か，国家管理かという点でもめ，結果的に，57年，政府と民間の出資による日本原子力発電株式会社（原電）が設立され，63年に茨城県東海村で日本初の試験炉を稼働するところとなります（吉岡斉『新版　原子力の社会史』朝日新聞出版，2011年）。

3. 商業化への道と反対世論

　1961年，原電は福井県敦賀市に原発立地を決定します。その理由は「地元の熱心な誘致」にありました。50年代と60年代に福井，福島両県は原発の誘致活動を展開していきます。これに遅れて，新潟県も原発誘致に加わっていきました。農業に立脚する3県は戦後の高度経済成長の恩恵にあずかれず，産業を誘致する道を模索したわけです。誘致対象の1つが原発であったのです。原発建設工事により，大勢の作業員の流入が見込まれ，彼らの長期滞在はホテル，民宿，ドライブイン，食堂，居酒屋などの収入を恒常的に潤しますし，もちろん作業員の地元雇用も増大します。こうして，原発に依存する地元経済は活況を呈しました（開沼博『「フクシマ」論——原子力ムラはなぜ生まれたのか——』青土社，2011年）。ところが，60年代に立地反対運動が三重県に起こり，中部電力は当地での建設を断念し，静岡県浜岡町を建設用地として新たに選定します（現・浜岡原発）。建設反対の背景には，原発ははたして安全なのかという根源的な論争があったのです。

　そこで，74年「電源開発促進税法」「電源開発促進対策特別会計法」「発電用施設周辺地域整備法」という，いわゆる「電源三法」が成立します。これは立地市町村，周辺市町村，都道府県を対象として多様な補助金を交付するというものでした。出力135万kWの原発1基が新設された場合，着工から廃炉まで地元への交付は45年間にわたり総計1215億円に達し，年平均にならすと27億円になります。一方，73年に第4次中東戦争，79年にイラン革命が起こり，それぞれ第1次オイルショック，第2次オイルショックを招き，石油価格の高騰をもたらしました。これに起因する物価上昇は火力発電に代わる原子力発電の重要性を人々に強く認識させるところとなります。

　ところが，原発の危険性も再認識されました。79年にアメリカでスリーマイル島原発事故，86年にソ連でチェルノブイリ原発事故が起こったからです。とはいえ，これらに対して我が国は対岸の火事と捉えてきた感があります。なぜならば，「日本の技術力であればありえない事態」という「原発安全神話」が長きにわたり喧伝され，それが確たる根拠もなく信じられてきたからでしょう。その証拠に，95年，福井県敦賀市の高速増殖炉「もんじゅ」での漏洩事故，99年，茨城県東海村でのウラン加工工場臨界事故は一時的に原発稼働停止や廃炉の声を引き出すものの，世論はやがて終息してしまいます。問題点が組織の事故隠蔽体質，加工作業の単純ミスにあったからです（武田徹『私たちはこうして「原発大国」を選んだ　増補版「核」論』中公新書ラクレ，2011年）。

[コラム]　原発行政史　　113

関連年表

1939. 9. 1	第2次世界大戦勃発
1941. 12. 8	太平洋戦争勃発
1945. 2.4-11	ヤルタ会談（米英ソ）：独の戦後処理とソ連の対日参戦に関する秘密協定
5. 8	独の無条件降伏
7. 16	米「マンハッタン計画」が史上初の原爆実験に成功（ニューメキシコ州）
7. 26	ポツダム宣言
8. 6	広島にウラン型原爆（リトルボーイ）
8. 9	長崎にプルトニウム型原爆（ファットマン）
8. 15	日本の無条件降伏
1950. 6. 25	朝鮮戦争勃発（〜1953.7.27）
1951. 4. 11	国連軍最高司令官マッカーサーの解任
1951. 9. 8	サンフランシスコ講和条約，日米安保条約
1952. 4.	手塚治虫『鉄腕アトム』連載開始（〜1968年）
1953. 12. 8	米大統領アイゼンハワー，原子力の平和利用の促進を提案
1954. 3. 1	ビキニ環礁で水爆実験（ブラボー），「第五福竜丸事件」
3. 4	国会が原子力予算を可決
11. 3	映画「ゴジラ」封切り
1955. 8. 6	第1回原水爆禁止世界大会（広島）
1957. 11. 1	日本原子力発電株式会社（原電）の設立
1963. 10. 26	原電が茨城県東海村で日本初の試験炉を稼働（原子力の日）
1973. 10. 6	第4次中東戦争→第1次オイルショック
1974. 6. 3	「電源三法」の成立
1979. 2. 11	イラン革命→第2次オイルショック
1979. 3. 28	米のスリーマイル島原発事故
1986. 4. 26	ソ連のチェルノブイリ原発事故
1995. 12. 8	日本原子力研究開発機構の高速増殖炉「もんじゅ」漏洩事故
1999. 9. 30	東海村JCO臨界事故
2011. 3. 11	東日本大震災の発生と福島第一原発事故

4. 電源三法と東日本大震災

　電源三法に基づき，これまで，多額の交付金が原発立地市町村や周辺市町村，そして県に支払われてきました。これら交付金は言うまでもなく「迷惑料」にほかなりません。しかし震災後，周辺市町村はこういった交付金支給の受け取りを拒否しており，逆に東京電力に「賠償金」の支給を求め，それを受給しています。

　さて，震災から4年が経過しました。ところが，福島第一原発事故の解決に向けた道筋は見えず，解決まで何年かかるのか不透明のままです。のみならず，福島第一原発に隣接する地域はいまだ避難を余儀なくされている一方で，政府は除染土などを保管する「中間貯蔵施設」を被災地に置こうとしています。

　放射性廃棄物処理，使用済み燃料のリサイクル，廃炉作業などの将来的課題も視野に入れた上で，原発の今後について総合的に考えていくべきでしょう。（**新保　良明**）

第7講

79年「8.24」ポンペイ消滅

——復興されなかった被災都市——

新保　良明

1　はじめに

1.1　古代ローマと「テルマエ・ロマエ」

　古代ローマが後世に大きな影響を与えた分野の1つが土木・建築でした。例えば，ローマ市を起点とするアッピア街道は軍用道路としての性格を持ち，南イタリアに向け兵士をいかに迅速に送り込むかを目的として築かれました。そのため，直線という最短ルートが徹底的に求められ，途上に川があれば，迂回せずに橋が築かれました。さらに，コンクリートの使用，「アーチ」「ヴォールト」「ドーム」といった曲線構造の利用がローマ市のパンテオンに象徴される巨大な公共建造物を生み出すところとなったわけです。また南フランスのポン・デュ・ガールに代表される水道橋も有名です。ローマ人は水源地から直接，水を得ようとして，長距離の水道橋を築きました（中川良隆『水道が語る古代ローマ繁栄史』鹿島出版会，2009年）。ローマ市の観光名所，トレヴィの泉は18世紀の造営物ですが，前1世紀後半に築かれたウィルゴ（乙女）水道をいまでも用いており，泉の背後にある凱旋門左上のレリーフはこの水道建設工事の一場面を描いています。以上を背景として，後1〜2世紀にはウィトルウィウスの『建築書』，フロンティヌスの『水道書』など専門書も公刊されました。こうして，土木・建築技術は古代ローマの代名詞ともなり，マンガ＆映画『テルマエ・ロマエ』にリンクしていくところとなります。

115

写真1　パンテオン

写真2　ポン・デュ・ガール

写真3　トレヴィの泉

　この映画では，ローマ帝国の公共浴場（テルマエ）の設計アイデアに行き詰まった技師ルシウスが現代日本に何度もタイムスリップして銭湯，家庭風呂，露天風呂などを体験しつつ，「平たい顔族（日本人）」の風呂文化に驚嘆し，再び2世紀前半のローマに戻った彼はそれを自分なりに再現し提供した結果，人々から喝采を博すというストーリーが展開します。ならば，現代に生きる私たちは逆に古代ローマ人の生活を見ることができるのでしょうか。格好のスポットとして，南イタリアのナポリから南東に電車で40分ほど行ったところにあるポンペイ遺跡が挙げられます。ポンペイは79年のヴェスヴィオ山の噴火により罹災し，その後，復興されないまま，存在自体が1700年近くにわたり忘却されてしまいました。ヴェスヴィオの西7kmに位置するエルコラーノ（旧名ヘルクラネウム）も同じ運命

図1　ナポリ湾の地図

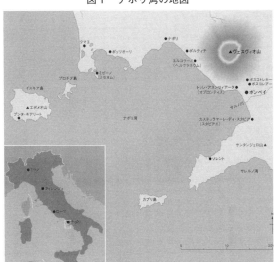

を辿ります。両市は不幸なことに噴火の風下に位置していたがために、埋没という悲運に見舞われたのです。

1.2　復興されなかったポンペイ

　ポンペイは風光明媚なナポリ湾に面し、ヴェスヴィオ山の南東10kmに位置しました。88年、ある詩人はヴェスヴィオ山の麓にあり、ヴィーナスを守護神とする市が灰燼に帰したという詩を発表しています。この都市は文面からしてポンペイに相違ありません。しかし詩人は同時代人としてポンペイの悲劇を証言するものの、罹災して9年後のポンペイが復活を遂げたとは述べておりません。以後の諸史料も埋没事実を端的に伝えるだけです。このように、ポンペイは復興されませんでした。その結果、やがて忘れ去られていき、近代の発掘まで長い眠りにつくことになったのです。

　では、ポンペイ市の広さはどの程度あったのでしょうか。ポンペイは東西1.2km、南北0.7km弱という楕円形を示し、市を取り囲む市壁の全長は3.2km、市内面積は0.63km^{2}とされています(本村凌二編著『ローマ帝国と地中海文明を歩く』講談社、2013年)。したがってバスやタクシーなど交通機関がなくても、観

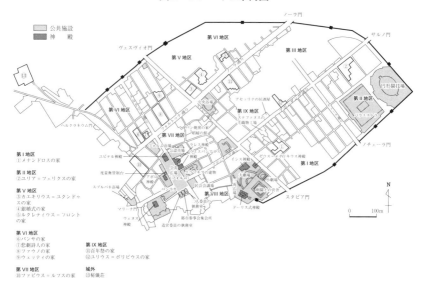

図2 ポンペイの市街図

光客は徒歩で遺跡を散策することが十分に可能です。そして埋没前の人口は1万人程度であったと考えられています。

以下では、「ポスト3.11」を考えるに際し、「復興されない」という可能性もあることについて、ポンペイを材料に考えてみましょう。

2 タイムカプセルとしてのポンペイ

2.1 発掘史

　発掘が始まったのはエルコラーノが先でした。1709年、井戸の掘削がなされていたところ、大理石が掘り出されました。そして1738年になって、これが劇場の座席であったことが分かり、エルコラーノ市の地中に古代の遺跡が眠っている事実が確認されたのです。一方、ポンペイでも農民が遺物を発見しており、発掘の関心は当地に向かいます。エルコラーノに堆積した堅い火山泥より、ポンペイの火山性堆積物の方が掘りやすく、またエルコラーノ遺跡の上には市街地が広がるため、一部しか発掘されえないのに対し、ポンペイ遺跡の地

上部分はやせた土で栽培されるブドウ畑であったからです。こうして，ポンペイの発掘は1748年から始まります（ロベール・エティエンヌ／弓削達監修『ポンペイ・奇跡の町』〈「知の再発見」双書〉創元社，1991年）。

次々にローマ時代の遺物が発掘されていきました。装身具や医療器具，石臼や石窯を備えたパン屋，居酒屋，娼家，一般家屋，公共浴場や劇場といった各種建造物などが長い年月を超えて蘇ったのです。フォカッチャに似たパンすら見つかっています。石で舗装された道路には馬車の轍が残り，その道路を渡る歩行者のために飛び石が設けられ，さながら横断歩道のようです。上下水道が整備され，水洗

写真4　ポンペイの石畳

写真5　石　膏　像

の公衆トイレも存在しました。一方，発掘を進めていくうちに，あちこちに謎の空洞があることが分かりました。そこで，1863年，その空洞に石膏が流し込まれ，固まった後，周囲の土を取り除くという作業をしてみたところ，現れた石膏の固まりはヴェスヴィオ噴火による死者の姿をありのままに示したのです。火砕流や火山ガスは罹災者の命を奪い，そこに土石流や火山灰が積もります。やがて固まった火山灰の下で，死体は朽ち果てて消滅します。こうして，死体と同じ輪郭の空洞ができたわけです。石膏像は罹災者がどのような姿勢で死亡したのかを生々しく再現してくれます。遺跡を歩き回ると，この種の石膏像を各所で見ることができます。

また，「ファウノの家」（**図2⑧**）の床から見つかったモザイクは特に有名で，

写真6　猛犬注意

高校世界史の多くの教科書に掲載されています。それはマケドニアのアレクサンドロス大王とアケメネス朝ペルシアのダレイオス3世の決戦、イッソスの戦い（前333）を描いたもので、現在はナポリ国立考古学博物館に展示されていますが、かなり大きく、これだけで1室を占領するほどです。一方、「悲劇詩人の家」（**図2⑦**）の入り口には鎖につながれた犬とCAVE CANEM（カーウェ カーネム）というラテン語がモザイクで表されています。訳はずばり「猛犬注意」！　このように、79年に埋没したポンペイは私たちに1900年以上の時空を超えて貴重な情報を与えてくれるのです。

　しかしながら、現在、ポンペイの発掘区域は全体の3分の2程度に留まっています。発掘開始から260年以上が経過しているにもかかわらず、発掘は完了していません。なぜでしょうか。同市が巨大すぎて、発掘速度が追いつかないという答えは成立しません。ポンペイは狭いからです。真の理由は、遺跡全体を巨大ドームで覆うということができない以上、ポンペイは発掘開始から現在そして将来にわたって風雨にさらされ、劣化し、ついには崩壊していく運命にあります。ですから、これを避けるため、完全な保存方法が確立されるまでの間、発掘は意図的に凍結されることになったのです。

2.2　落書きから見る市民生活の断片

　ポンペイには、ラテン語の落書きが数多く残っており、それらは1世紀の都市生活の実相を教えてくれます。例えば、「善良な神がこの家に住んでおられるように」。住民はさしずめ家族息災をかなえる護符のような効果を期待したと思われます。事例をいくつか示してみましょう（本村凌二『古代ポンペイの日常生活』講談社学術文庫、2010年）。

　都市行政は任期1年、無給の都市政務官により担われました。彼らは各2名の造営委員、二人委員から成り、男性市民による民会投票で選出されました。

現代ならば，選挙ポスターが所定の掲示板に貼られるのですが，ポンペイでは街路に面する家々の白壁に赤インクで推薦文が記されました。推薦文はポンペイの各所に残り，実物を見ることができます。例を挙げてみましょう。「ルキウス・スタティウス・レケプトゥスを二人委員として選

写真7　選挙ポスター

出してくれるよう隣人たちは要請する。彼はふさわしい人だ。隣人アエミリウス・ケレルがこれを書く。敵意でこれを消し去る者は病気になるだろう」。これは候補者の隣人らによる推薦を証言します。一方，多様な推薦団体も確認されます。例えば，「果実商」，「金細工師一同」，「役者パリスのファンクラブ」などです。ところが，推薦が票の獲得に寄与したのか疑わしいケースも伝わっています。「マルクス・ケリニウス・ウァティアを造営委員として，すべての深夜飲んべえ連は推薦する。フロルスがフルクトゥスとともにこれを書く」，「ウァティアを造営委員として，こそ泥仲間が推薦する」。このウァティアはうさんくさい連中から推薦を得たのですが，これらの推薦は集票に役立ったのでしょうか。検証はできませんが，対立候補の運動員による妨害工作であったのではないかと筆者は考えています。そして，この推論が正しいのであれば，妨害はまさに選挙戦の激しさを証言するでしょう。

　一方，ラブレター同然の落書きも認められます。「セクンドゥスはどこにいても彼のプリマを心にかけている。女主人様〔＝プリマ〕，お願いだから，私を愛してください」，「プリマはセクンドゥスに心から親愛の情を送ります」。これらはカップルによる落書きであったに違いありません。また，デートをうかがわせる落書きもあります。「ロムラはスタフェルスとともに，ここで時を過ごす」。何とも，微笑ましい内容で，日本であれば，さしずめ当事者が書いた相合い傘です。さらに，「サビナよ，いつまでも花の盛りでいてくれますように。いつまでも美しく少女のままでいてくれますように」という落書きは彼女

に思いを寄せる男性の切ない心情を伝えましょう。ところが，色恋沙汰は必ずしもハッピーエンドになりません。その結果，失恋間違いなしのケースも落書きの対象になりました。「マルケルスはプラエネスティナを愛しているが，見向きもされない」，「リウィアからアレクサンデルにごきげんよう。もしお元気なら，あまり心配しません。もし死んでいるなら，うれしいことです」。この2つは男性が一方的な恋心を寄せながら，どう見ても両思いにならない絶望的事実を第三者が茶化したと考えてみるべきでしょう。

恋愛そのものを敵視する落書きも認められます。「愛する者は誰でも死んでしまえ」。さて，どういう人物がこれを書いたのでしょうか。失恋で自暴自棄になった者，結婚詐欺の被害者，異性とコミュニケートできない非リア充など，多様な人物像が想定されます。しかしながら，確言できるのは，昔も今も恋愛事情に変わりはないということでしょう。

3 62年の地震と復興

3.1 復興事業の担い手

79年に先立つ62年2月5日，大地震がポンペイ一帯を襲いました。ある金融業者の邸宅（図2③）に残されたレリーフは，フォルム（公共広場）にあるユピテル（ジュピター）神殿などが倒壊した事実を教えてくれます。家屋の全半壊は多数に及び，公共の施設，建造物も被災しました。このような状況に対し，現代的尺度に照らして私たちは個人単位での再建が特例的な融資措置を伴いながらも，自己負担でなされる一方で，公共物の復興は国家や市の特別予算でまかなわれたと考えても不思議ではありません。しかし古代ローマは現代と異なる制度の下に置かれていました。端的に言えば，市の財政収入は公共事業を展開するだけの規模にありませんでした。とはいえ，フォルム，バシリカ（多目的施設），市場，神殿，水道，公共浴場，劇場，円形闘技場など数々の公共施設を備えてこそ，「都市」と認められます。では，これらの建造，修復の費用はどこから捻出されたのでしょうか。

これに関して，古代ローマを含めた西洋古代世界に共通して認められる現象に注目したいと思います。それは現代の歴史学において「エヴェルジェティズ

ム」と総称され,要するに富裕者が都市に対し無償で行う様々な寄付行為のことです(ポール・ヴェーヌ/鎌田博夫訳『パンと競技場』法政大学出版局,1998年)。そして,寄付行為により富裕者は市民から一角(ひとかど)の人物と認定さ

写真8　62年の地震レリーフ

れて名声を博すばかりか,これを碑文に刻むことにより,自分の名前と功績を後世にも伝えることを望みました。例を挙げてみましょう。「女祭司のエウマキアは自分と息子マルクス・ヌミストリウス・フロントの名において,入り口,通路,列柱廊を自費で建設し,〔略〕これを捧げる」。この碑文により,母子の名前は現代にまで伝わったわけです。一方,寄付の対象は建造物に留まりません。市民を熱狂させた娯楽にも及びました。「デキムス・ルクレティウス・サトリウス・ウァレンスによる20組の剣闘士の戦いと,彼の息子〔氏名略〕による10組の戦いが4月8,9,10,11,12日にポンペイで開催される。野獣狩りがあり,天幕も張ってあるであろう。アエミリウス・ケレルが月明かりで単身これを書く」。この落書きは興行を予告するポスターと同じ役割を果たしました。では,このような恵与をしたのは,どういう人々であったのでしょうか。まず,民会選出の政務官,次に,同職を経験した者から成る終身の都市参事会員が挙げられます。後者の定員は100名であったと考えられています。さらに,富裕な解放奴隷もスポンサーになりました。彼らは元奴隷として劣等視された結果,都市政務官や参事会員になることを禁じられていました。そこで,彼らは卑賤な出自を高額な寄付によって相殺し,平均的市民をはるかに上回る財力を誇示したのです。

3.2　復興事業の対象

　この震災から79年の悲劇まで,何が復興されたのでしょうか。これは「ポスト3.11」を考えるに当たり,重要な視点を提供すると思われます。以下では,

第7講　79年「8.24」ポンペイ消滅　　123

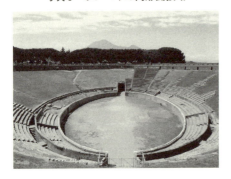
写真9　ポンペイの円形闘技場

写真10　役者のモザイク画

写真11　公共浴場

公共建造物に注目しましょう。罹災者は生活の拠点である家屋の復旧を最優先したに違いないからです。

　62年の震災後に復興された公共建造物とは何であったのでしょうか。この問いを発することは震災後，市民が都市生活を送る上で，どのようなものを優先的に求めたのかを確認することにつながります。なぜならば，復興資金はその多くを当市の富裕者に依存せねばならない一方で，富裕者は名声を得るため市民のニーズや希望に沿った内容に財を投じたであろうからです。そして都市の中枢とは伝統的に，フォルム，それに隣接するバシリカ，神殿，市場などから成りました。これらは行政，裁判，宗教，商業などを司る多目的空間であり，だからこそ市民らは毎日のようにこの一画を訪れ，生活物資や有益で多様な情報を入手しつつ，神々に祈りを捧げていたのです。したがって，62年の地震後にフォルム周辺の復興が最優先されたと考えてしかるべきでしょう。ところが，ポンペイの公共建造物に関して，地震発生から79年までの復興事業の対象を見てみると，

それは意外なことにフォルム界隈ではありませんでした (P. Zanker, "Veränder-ungen im öffentlichen Raum der italischen Städte der Kaiserzeit," *L'Italie d'Auguste à Dioclétien*, Roma, 1994)。つまり，ユピテル神殿，アポロ神殿，ウェヌス（ヴィーナス）神殿は放置され，復旧されていなかったのです。一方，次の碑文を見てください。「ヌメリウス（・ポピディウス・アンブリアトゥス）の息子，ヌメリウス・ポピディウス・ケルシヌスは地震で崩れたイシス神殿を私費で再建した。都市参事会員らはこの気前の良さゆえに，無償で6歳の彼を参事会員に選んだ」。寄付者は6歳の男児の父親であったに相違ないのですが，この父はおそらく解放奴隷であったため，都市行政の中核を成す参事会への入会を認められませんでした。そこで，彼は自分の代わりに息子を参事会員にしようともくろみ，多額の寄付をしたのです。イシスとはエジプトの女神で，この碑文は1世紀後半のイタリアに外来宗教が定着していた事実を教えてくれます。そしてイシス神殿はフォルムから道路に沿って240mも離れていました。再建された建造物はこれだけに留まりません。劇場や1km弱も離れた円形闘技場などを数え，さらにポンペイのほぼ真ん中に位置し，フォルムから300m離れた中央浴場は地震後に着工され，79年にはまだ建設中だったのです。

　以上の例から分かるように，市民の関心はフォルム周辺の昔ながらの一画から，他の場所にある闘技場，劇場，公共浴場，外来の神殿などに向かい，特に娯楽施設へと移っていたと結論してよさそうです。そして地震後，ポンペイの富裕者は市民のニーズを直に感じた上で，それに応じて施設の工事や剣闘士競技などの見せ物を提供したとも言えると思われます。市民はメンタル・ケアを優先したのでしょうか。検証するのは実に難しい注文ですが，可能性としてはありえましょう。

4　79年8月24日

4.1　2人のプリニウス

　幸いなことに，ヴェスヴィオ噴火の罹災経緯について同時代人のルポルタージュが残されています。その人物こそ1世紀から2世紀にかけて活躍した元老院議員プリニウス（61頃-112頃）です。彼は親族や友人宛ての私信，皇帝との

往復書簡からなる手紙の総体を『書簡集』という名称で公刊し，その書簡数は370通に達しますが，2通が噴火と被害の実情を伝え，伯父にして『博物誌』の著者として名高いプリニウス (23頃–79) の最期を克明に記録しています (國原吉之助訳『プリニウス書簡集——ローマ帝国一貴紳の生活と信条——』講談社学術文庫，1999年)。この伯父は当時，ナポリ湾に面しつつ，ヴェスヴィオ山の西30kmに位置するミセヌム市を基地とするイタリア艦隊の長官を務めており，後述するように，スタビアエでの救助活動の果てに，落命しました。以下では，甥のプリニウス (小プリニウス) の書簡に基づいて，伯父のプリニウス (大プリニウス) の動向を中心に据えながら，79年の罹災プロセスを確認してみましょう。なお，小プリニウスは17歳の時に，たまたま伯父の赴任地に逗留していた結果，ナポリ湾周辺の災厄と伯父の死に遭遇し，きわめて貴重な証言を残しました。そこで，小プリニウス目線で滅亡を再構成してみましょう。その際，彼を1人称の「私」で表現したいと思います。2人のプリニウスが同時に登場すれば，読者の皆さんは混乱すると予想されるからです。

4.2　大プリニウスの3日間

　ポンペイにとって運命の日となった79年8月24日。だが，それ以前から数日にわたり地震がナポリ，ポンペイ一帯のカンパニア地方を襲っていました。これが大災害の前兆であったのでしょうが，人々は62年に見舞われた大地震に比べ，小規模な群発地震に警戒心を抱くことはなかったようです。79年の震災を回想する書簡の中で，私 (小プリニウス) は「ずいぶん前から何日も地震が続いていましたが，さほど怖くなかったのです。なぜなら，カンパニア地方ではいつものことです」と記しているからです。確かに，多くの住民は危機意識を持たず，また揺れただけで，大したことはないと侮ったのでしょう。

　当日の午後1時頃，私の母が大プリニウスに対し，これまで見たこともない雲が見えると告げました。それは私には，天高くそびえた松が四方に何本かの枝を伸ばしているように見えました。後で分かったのですが，これこそヴェスヴィオ山の噴煙であったのです (この噴火形体はプリニウスにちなんで「プリニー式噴火 Plinian eruption」という専門用語になっています)。伯父は近くから調査をすべきと考え，小型の快速艇を用意するよう命じました。彼は同行しないかと私

を誘いましたが，私は彼から課された宿題をこなさねばならなかったため，この誘いを断りました。一方，伯父が邸宅を出ようとしていたところ，知人から救助を求める第1報が入ります。その知人の別荘はヴェスヴィオ山の麓にあり，脱出方法は海路しかありません。そこで，伯父は噴煙の調査からナポリ湾岸に住む人々の救助へと方針を変更し，多くの避難者を収容できる大型の四段櫂船を用意させた上で，最短ルートで現地に向かうよう陣頭指揮を執りました。船上で，伯父は学者らしく観察した自然現象を口述筆記させていましたが，すでに船には灰が降り積もり，海岸に近づくにつれて，灰は高温になり，量も増えました。さらに，噴火で焼けただれた軽石や小石も降ってきましたし，隆起により出現した浅瀬，火山から流出した溶岩が接岸を許しませんでした。風は南に吹いており，その結果，ヴェスヴィオから近い順にヘルクラネウム，ポンペイ，そしてスタビアエが罹災することになるのです。

　こうして，知人の救出を断念した伯父は別の友人を救助しようと，ヴェスヴィオ山の南16kmにあるスタビアエに舳先を向けさせました。当地にまだ危険は迫っていませんでしたが，その友人は災害の拡大を予測して，すでに荷物を船に積み込み，南風がやんだら直ちに出航しようとしていました。ところが，伯父は到着後，彼を元気づけ，平静を敢えて装い，みんなの恐怖を和らげようと，入浴してから，夕食の席を盛り上げ，明るく振る舞ったのでした。大プリニウスと友人との行動は正反対です。なぜでしょうか。後で考えてみましょう。一方，その間にも，ヴェスヴィオ山から火柱が上がり続けていました。やがて伯父は激動の1日に疲れ果て，大きな鼾とともに熟睡してしまいましたが，その間にも火山灰や軽石が降り続け，うずたかく積もっていきました。

　夜半に起こされた伯父は翌25日にかけて，屋内に留まるか，屋外に逃れるかをみんなと相談します。というのも大きな地震に頻繁に襲われた屋敷は相当揺らいでおり，倒壊しそうな反面，屋外には軽石や灰が降っていたため，屋内外ともに危険であったからです。結局，伯父は脱出を選び，安全のため一行は枕を頭に載せて，港を目指しました。夜は明けているはずなのに，外は暗闇でした。海はかなり荒れており，とても出帆できる状況にはありません。そこを噴火による強い硫黄臭が襲いました。その結果，気管が弱かった伯父は息を引き取ります。遺体は翌26日に私の手により回収されるところとなりました。

4.3　小プリニウスの3日間

　24日の午後，伯父を送り出した私はミセヌム市で宿題に取り組み，夕食後，眠りにつきました。ところが，夜半，すべてがひっくり返ってしまうかのような大地震が起きました。25日の早朝になりましたが，太陽は薄暗く，一方，屋敷はいつ倒壊しても不思議ではない状態にありました。そこで，私たちはミセヌム市を脱出することにします。避難者は相当数に上っており，信じがたい光景も目にしました。前進中の車が不思議にも後退していたり，車止めした車がなぜか動き出したりしていたのです。さらに，「海は沖の方へ吸い込まれ，地震であたかも追い立てられているように見えました。たしかに海岸線は沖の方へ進み，海の生物が乾いた砂浜の上にたくさん残っていました」（まさに津波の前兆です。大プリニウスがこの日，スタビアエで海が荒れて船出できなかったのは津波のせいかもしれません）。その一方で，真っ黒な恐ろしい雲が噴火の閃光に引き裂かれていました。やがて，その雲が地上に降りてきて，ナポリ湾を包み込みました。母は足手まといになると考え，私に1人で逃げるよう命じましたが，私は母の手を掴んで引っ張り，むりやり歩かせました。振り向くと，黒く熱い霧が背後に迫っていました。そして真の闇夜が到来しました。聞こえてくるのは人々の泣き声や金切り声だけでした。一方，デマを飛ばし，人々の不安を煽る者もいました。灰がさかんに降ってくるようになりました。

　26日，黒い霧は薄れ消えていき，ようやく太陽の光が射し込みました。ところが，見えたのは，何もかも深い灰の下に埋まっているという衝撃的光景でした。私たちはミセヌムに戻り，入浴し食事を取りました。皆，不安で一杯でした。というのも地震が続いていましたし，これまでの災厄に絶望して，不安を煽る輩もいたからです（この後，小プリニウスはスタビアエに向かい，伯父の遺体と対面することになります）。

4.4　ポンペイの3日間

　では，ポンペイ滅亡のカウントダウンはどのように進行したのでしょうか。小プリニウスを含め，文字史料はポンペイの詳細な被災経緯を教えてくれません。そこで，ポンペイに堆積した火山灰の層序という考古学的データに答えを求めたいと思います（横山卓雄『世界遺産ポンペイ崩壊の謎を解く――火山災害にど

う対処したか──』京都自然史研究所，2007年）。これにより，何がポンペイを埋
没させたのかが分かるに違いないからです。

　ポンペイには，遺跡の地表面から4～5mの厚さの堆積物が積もりました。
その最下層は2.3～2.5mの厚さの軽石層から成っています。しかも軽石のほと
んどが直径5cm以下でした。マグマが降り注いだわけではないため，軽石は
高温でなかったと推測されます。したがって住民は降り積もった軽石の上に這
い上がり，死に至ることはなかったでしょう。そして軽石層の上にあるのが3
層にわたる火砕流堆積物でした。つまり，24日の午後，第1波の火砕流がポン
ペイを襲いました。ただし，流れてくるうちに減速し，到達時には勢いを失い，
市壁にはね返される程度であったと考えられます。この層には死体が確認され
ないからです。とはいえ，この火砕流は火山ガスを市内にもたらしました。そ
の結果，これに恐怖し避難を開始した人，それでも自宅に留まった人，と行動
は二極化しました。そして避難したにもかかわらず，状況を見ながらポンペイ
に戻り，最終的にポンペイと運命をともにした人もいたことでしょう。

　次に，夕方から夜にかけて第2波の火砕流が市を襲いました。この火砕流は
すでに市壁の外に堆積し斜面を形成していた軽石層を乗り越えて，市内に流れ
込みました。人々はこの火砕流，爆風，火山ガスに襲われ，次々と落命してい
きました。ポンペイ在住の1万人のうち，市に留まり死亡した者は2000人に達
したと考えられています。さらに，翌25日の朝，第3波の火砕流が到達します。
これは最大規模のエネルギーを有し，ポンペイよりずっと南まで達したことが
確認されています。これこそが，スタビアエにいた大プリニウスを死に至らし
めたのでしょう。

　そして，これら火砕流層の上の2層を成すのが土石流堆積物でした。火山灰
を含む第1波の土石流は市内で80cmも堆積し，これが各種建造物を倒壊させ
たばかりか，死体を埋没させたに違いありません。土石流層の上が火山灰層で
した。厚さは15～20cmに達しています。降り積もった火山灰が冷えて固まる
には数日間かかったことでしょう。いずれにせよ，ポンペイは死者の町になっ
てしまいました。

第7講　79年「8.24」ポンペイ消滅　　**129**

5 記憶の風化

5.1 救出と復興に向けて

　ポンペイが災厄にあった時のローマ皇帝は10代目のティトゥス帝（位79-81）でした。即位して2カ月で罹災の報を受けた彼は直ちに救援物資や義捐金を被災地に送り，復興に向け道筋をつけました。これは確かに適切な行為と言えるでしょう。ところが，皇帝自ら現地におもむいて被害状況を視察している中で，80年，想定外の事態が起こります。首都ローマが三日三晩にわたり炎上してしまったのです。もちろん皇帝は首都へと帰還を急ぎました。しかし鎮火後，市内には伝染病が発生してしまいます。そこで，皇帝は首都復興を優先せねばならず，住民の士気を鼓舞するため，100日間に及ぶコロッセオ（コロセウム）落成記念競技会を盛大に挙行しました。その結果，ポンペイ復興に向けての国家事業は後回しにされ，やがて忘れ去られてしまったのです。

　国家が事実上，復興事業から手を引いたにせよ，生存者らがポンペイ再興を望んだとしても不思議ではありません。しかし現実的には，ポンペイは復興されないばかりか，忘却された都市になってしまいます。なぜでしょうか。

　まず，復興には大量の堆積物を除去する作業が必要となります。この作業は労働者やボランティアに頼るほかなかったでしょう。しかし都市そのものが破綻してしまった以上，労働者を雇用する余地はなく，ネットワークに欠ける当時においてボランティア募集も望めませんでした。そもそもボランティアという概念すらなかったでしょう。むしろ，遺跡に垣間見られるのは貴重品を手に入れようとする盗掘の痕跡です。次に，市の有力者らも埋没都市の復興に私費を投じた形跡はありません。彼らの中には，ポンペイと運命をともにして死んだ者もいれば，他市に転居した者もいました。さらに，近くを流れるサルノ川に大量の軽石が堆積し，川がせき止められ，氾濫することもしばしばあったばかりか，流路も変わった結果，ポンペイは商業に有利な，かつての立地条件を失ってしまいました。のみならず，ポンペイ忘却の一因はヴェスヴィオの噴火が不規則に続いた点にもあったと思われます。203年には1週間にわたり噴火，306年にも数日にわたり噴火，471年からは3年にわたり噴火があり，513年からは数回にわたり溶岩が噴出しているのです。以後も噴火は続き，最近では

写真12　コロッセオ

1944年にありました（J・J・デイス／穴沢咊光訳『ヘルクラネウム』学生社，1976年）。一方，火山灰が積もった土地は不毛で農業に向かず，再び緑を取り戻すには温暖湿潤な気候のところですら150年以上の歳月がかかったと言われます。降水量が乏しい地中海性気候のイタリアでは，火山性堆積物が徐々に風化し，耕作地へと変わるにはもっと長い年月を要したかもしれません。結局，中世ヨーロッパになってから，地表はオリーブ畑やブドウ畑に変わっていきました（R・リング／堀賀貴訳『ポンペイの歴史と社会』〈世界の考古学⑬〉同成社，2007年）。こうしてポンペイの存在は忘れ去られてしまいます。ただし，埋没地域はイタリア語でCivita(チヴィタ)と呼ばれました。これはラテン語のcivitas(キウィタス)（都市）から派生したと推測されます。しかし当地の人々すら地名の含意を長い間，気にかけず，その謎は1600年以上を経て，解き明かされるところとなるわけです。

5.2　大プリニウスはなぜ避難しなかったのか

　先に述べたように，8月24日の午後，スタビアエ在住の友人が海路での避難を望んだのに対し，大プリニウスはそれを制して，模様眺めを決め込み，友人家族の平穏を保とうと努めました。しかし，結果的に彼の思惑は外れ，彼自身

第7講　79年「8.24」ポンペイ消滅　131

も含め，多くの死者を出してしまいます。大プリニウスはなぜ災害の展開を読み誤ったのでしょうか。

そのヒントは彼の大著『博物誌』にあると思われます。本書は全37巻に及び，地理，動植物，鉱物など実に多様な分野に関して膨大な情報を残しました。その中で，彼はカンパニア地方の諸都市に言及する中で，「ヘルクラネウム，近くにヴェスヴィオ山を望み，サルノ川に洗われるポンペイ」と記載しています。一方，シチリア島のエトナ火山については「夜になると噴火の火がすばらしい眺めを呈するエトナ山がある」と説明しています。彼はエトナ山を火山と認識しても，ヴェスヴィオ山を火山とみなしていませんでした。彼にとって，ヴェスヴィオの噴火はまさに想定外の出来事であったわけです。

ところが，ヴェスヴィオ噴火で埋没した最古の集落遺跡は前1800年頃のものとされており，複数の史料が前217年にもヴェスヴィオで大規模な噴火があったことを証言します。この噴火からポンペイの悲劇まで約300年という歳月が横たわりました。そして実際のところ，古代ローマの複数史料がヴェスヴィオを火山と明言しています。したがって大プリニウスは博物学者でありながら，過去の噴火について知らなかったことになります。彼はアルプスに近い北イタリアのコーモ（旧名コムム）を出身地としていましたから，南イタリアのヴェスヴィオに関する情報に疎かったという可能性は十分にあります。ですが，前217年に生じた噴火の事実がいつの間にか忘れ去られ，「記憶の風化」が起こっていたことは確実です。ナポリ湾の住民も同じように過去の噴火を忘却していた結果，大プリニウスに昔の惨事を伝達することができなかったに相違ないからです。

6　ポスト「8.24」とポスト「3.11」——震災復興に向けて

本講では，ポンペイが79年に多大な被災を経験しながら，復興されることなく，存在自体が忘れ去られたプロセスを確認しました。しかしながら，同じような記憶の風化が「ポスト3.11」に生じるはずがないと断言できるでしょうか。

2011年3月11日の午後，テレビ各局は大地震の被害と数時間後の津波をま

さにライヴで伝え，全国の人々に衝撃を与えました。ライヴで見ることができなかったのは皮肉にも被災地の人々でした。そして，同年まで小中高の教科書に有効な津波対策として，高さ10mに達する岩手県宮古市田老町の巨大なスーパー堤防が紹介されてきたわけですが，これを津波がやすやすと乗り越えてくると誰が予想できたでしょうか。その結果，現在，各地で沿岸部を放棄し，津波にさらされない高台での住宅建設が進められるに至っています。これは都市計画の策定として間違っていないでしょう。ところが，住民心理を考えれば，別の選択肢が将来的に生じるのではないかと懸念されます。なぜならば，今回，大きな被害に遭った三陸海岸の被災史がそれを教えてくれるからです。つまり，三陸海岸はリアス式海岸として有数の漁業基地である一方で，湾に連なる平地が狭いため，津波が押し寄せれば，それはかなり奥まで遡上することになります。具体的に言えば，1896年，1933年，1960年の3回が甚大な被害をもたらしました。そしてこれまで，津波を生き延びた人々は当初，高台に居を構えながらも，やがて利便性を優先し，沿岸部に住み替えるようになります。漁で生計を立てる以上，港の近くに住むのが好都合であったからです（吉村昭『三陸海岸大津波』文春文庫，2004年）。

　東日本大震災に見舞われた日に何があったのかを後世に伝えていくことは私たち1人ひとりに課せられた重大な使命です。「記憶の風化」は何としても避けねばなりません。さらに，次なる観点もありえましょう。人は災害に直面した場合，それを偶発的事象と捉えて，根拠なきまま，その再来を数世代先のことと楽観視してしまいがちです。筆者は大学2年時の1978年，仙台在住中に，宮城県沖地震を実体験しましたが，これをきわめて例外的な事態と受け止め，しばらくの間は大地震が起こるはずがないと安直に考えました。このように自分の安全を都合良く夢想する「記憶の操作」もありえます。記憶の風化と操作を避けるために，「3.11」の思いと現在の思いを比較してみましょう。

　そして，福島第一原発に隣接し，住民の強制的避難を求められた町村は今後，帰還を保証されるのでしょうか。確かに，震災から4年が経過した現在，第一原発から20km以内の楢葉町は警戒区域から解除され，避難指示解除準備区域となっており，近いうちに帰還が可能になりそうです。しかし，その一方で，政府は除染土や放射性廃棄物を最終処分するまでの中間貯蔵施設の建設を第一

原発周辺の大熊町，双葉町に求め，福島県と両町はその受け入れを表明しました。では，最終処分はどこでするのでしょう。それはいまだに不明です。ただし，政府は中間貯蔵開始後30年以内に，福島県外で最終処分を完了すると明言しています。

　ところで，唯一の被爆国である日本がよりによって原子力エネルギーを夢のエネルギーとみなしていったのはなぜなのでしょうか。この問いには記憶の操作，あるいは原子力に対するイメージの変遷が関係するように思えます。これらについては，どうなんでしょうか，寺澤先生？

第8講

2つのゴジラ映画に見る記憶の再現と操作

寺澤 由紀子

1 はじめに

　ヴェスヴィオ山では，79年以前にも大規模な噴火があったにもかかわらず，ポンペイの人々の中でその記憶は風化し，結果，大プリニウスは判断を読み誤り，死に至り，その他多くの人々も犠牲になってしまいました。そして，そのポンペイの街自体も，様々な理由で復興がなされないまま，その存在すら長きにわたって忘れ去られるという運命を辿りました。そのような記憶の風化を食い止めるためには，記憶を再現し続けること，つまり語り継ぐことこそが大切なのですが，語る方法は多岐に及びます。記念碑を建てる。遺跡を保存する。書物として残す。様々な方法がある中で，本講では映画での記憶の再現という手法について考えてみたいと思います。映画における記憶の再現──そう聞けばドキュメンタリー映画が真っ先に思い浮かぶかもしれませんが，ここではフィクション映画を，その中でも特にゴジラ映画を取り上げ，そこにはどのような記憶の再現がなされているかを考えていきます。

　ゴジラ映画とポスト3.11──それは虚構のお話と現実の問題です。ゴジラのような怪獣映画はフィクションの中でも特に，実社会とはかけ離れたもの，現実に起こりえないものとして見なされることでしょう。それゆえ，その両者がどのように結びつくのか，あるいは両者を結びつけて考えることに意義はあるのか，という疑問が生まれてくるかもしれません。しかし，小説や映画といっ

135

た虚構の世界と現実は決して二項対立的なものではありません。フィクションには，たとえそれが現実社会とはかけ離れた世界を描いていたとしても，何らかの形で現実が反映されていますし，メディアや歴史書などの様々な媒体を通して入ってくる「現実に起こったこと」についての情報も，そこにはそれらを発信している者の意志が介入してくるため，過去にあったことが100％そのままの形で伝えられることはありません。そこには常にフィクションが介在し，記憶は操作されていくのです。このように，虚構と現実の境界は曖昧で，両者は重なり合い，複雑に絡み合っていると言えます。ところが，虚構と現実を切り離してしまうと，見るべきものを見ない，見るべきものが見えないという危険性を孕んできます。というのも，ノンフィクションは，それが「事実」だという思い込みから，それを受け取る側は，そこに提示されたもの以上を見極めようとする姿勢に至らないことが往々にしてあるからであり，フィクションは「事実」の羅列からだけでは見えてこない物語性が強く提示されているにもかかわらず，それを受け取る側は虚構として一蹴し，それ以上踏み込むことをしないからです。だからこそ，フィクションから「事実」を見る，想像するという作業が，「事実」をより深く理解するために有効となってくるのです。

　本講では，ゴジラ映画を使って，虚構の中へと踏み込む作業を行い，そこに描かれたものの意味や奥底に隠されたものを探っていきたいと思います。ゴジラ映画と言えば，1954年に初代『ゴジラ』が公開されて以来2004年に至るまで，全28作のゴジラシリーズが公開されていますが，ここで取り上げるのはその第1作目の『ゴジラ』と，それがアメリカで公開された時に編集を加えられたバージョン，*Godzilla, King of the Monsters!*（邦題『怪獣王ゴジラ』：以下邦題を使用します）です。これら2つの映画には，日本が抱える記憶が反映されているのですが，それはどのような記憶であり，どのように再現されているのでしょうか。また，そこではどのような記憶の操作がなされており，それは何を意味しているのでしょうか。それを見極めた上で，それらとポスト3.11の社会において眼前に突きつけられている原発問題とのつながりを考えてみたいと思います。

2 『ゴジラ』を紐解く

2.1 『ゴジラ』誕生の背景

　まず，映画『ゴジラ』が誕生した経緯と当時の日本の社会情勢を振り返ってみましょう。『ゴジラ』の生みの親は東宝の映画プロデューサー田中友幸（1910-97）です。1953年から田中はインドネシアとの合作映画の企画を進めており，クランクイン間近の状態にあったのですが，1954年になって突然インドネシア政府から提携制作を承認できぬ旨を伝えられ，この企画は中止となってしまいます。そして，その代案の提出を急きょ求められた田中は，その前年にアメリカで封切られた『原子怪獣現る（原題：*The Beast from 20,000 Fathoms*）』にヒントを得て新たな企画を思いつきます。『原子怪獣現る』は，レイ・ブラッドベリの短編小説「霧笛（原題："The Fog Horn"）」を原作としていますが，原作にはない原爆実験を組み入れたストーリーとなっていました。北極圏で行われた原爆実験により，白亜紀の恐竜が冬眠状態から覚醒し，ニューヨークに到達，町を破壊していきます。そして，最終的に放射性アイソトープ弾で内から恐竜を焼き尽くす作戦が見事成功し，恐竜は死に至るというものだったのです。折しも1954年3月1日にはビキニ環礁でのアメリカの水爆実験と，それによる第五福竜丸の被曝という事件が起こっていました。田中は，核爆発，怪獣，放射能といった事柄を結びつけ，ビキニ環礁近くの海底に眠っていた恐竜が水爆実験の影響で蘇り，異常発達して日本を襲うというアイデアを盛り込んだ『海底二万哩から来た大怪獣』案，つまり『ゴジラ』の原案を出したのです。そして香山滋（原作），円谷英二（特撮），本多猪四郎（監督）が集結し，『ゴジラ』誕生に至ります（竹内博）。

　1954年と言えば，アメリカによる統治支配も終わり，日本が復興に向かってよりいっそう力を注いでいた頃で，1955年には，高度経済成長の幕開けを飾るべく，GNPが戦前の水準を超えるようになります。そして戦争で焼き尽くされた都市が修復されるにつれ，破壊と苦痛の戦争の記憶は抑圧され，浄化されていきました。しかしその一方で，ビキニ環礁で行われたアメリカの水爆実験により，島民はもちろんのこと，日本の漁船第五福竜丸も被曝する事件が起こり，人々の記憶は戦争へと一気に引き戻されることとなります。そしてそ

第8講　2つのゴジラ映画に見る記憶の再現と操作　　137

の水爆実験によって蘇生したゴジラは，その誕生のいきさつのみならず，その破壊力において，戦争という過去を再現し，抑圧された記憶を否応なく蘇らせる役割を与えられたのです。

2.2 『ゴジラ』における記憶の再現①──水爆実験

　では具体的に『ゴジラ』が再現している記憶とはどういったものなのでしょうか。まず挙げられることは「水爆実験」です。アメリカは，1945年7月16日にトリニティと呼ばれる核実験に成功した後，広島，長崎へ原爆投下を行い，戦後さらに核実験を重ねますが，1949年にソ連が核実験に成功すると，冷戦下にあった米ソ両国の核開発競争はエスカレートしていきます。アメリカは，1946年にクロスロード作戦と呼ばれる核実験をマーシャル諸島のビキニ環礁で行い，以降58年に至るまで23回もの核実験を繰り返します。同じくマーシャル諸島にあるエニウェトク環礁では，サンドストーン作戦が行われた48年以降，10年間に44回の核実験を実施しました。その中には52年に行われた初の水爆実験アイビー作戦・マイクが含まれていますが，この時の威力は広島へ投下されたものの800倍となっていました。そして1954年3月1日に，ビキニ環礁でキャッスル作戦のもと水爆ブラボーの爆発実験が実施されます。この時の核出力は15メガトン，その破壊力は広島型のおよそ1000倍と，当初の想定をはるかに超えたものでした（河井智康）。そのため，アメリカが設定した危険区域外で操業していたにもかかわらず，第五福竜丸は被曝することになり，それ以外にも第十三光栄丸など多くの船舶が被害を受けてしまったのです。

　そんな背景を『ゴジラ』は体現しています。そして実際この映画は，第五福竜丸を彷彿とさせるシーンで幕を開けます。船上で仕事の合間に船員たちが思い思いにくつろいでいる中，爆音とともに起こった正体不明の閃光を浴び，やがて船が沈没していく様が映し出されるのです。さらにその後栄光丸という別の船も突如行方不明になったことが明かされますが，これは第十三光栄丸を意識したネーミングであることは明らかです。そして，これらの船が沈没した原因こそがゴジラであり，正体不明の閃光はゴジラが放ったもので，それには放射能が含まれることがのちに分かるのですが，ゴジラがそのような放射性白熱光線を吐くようになってしまったのは，ゴジラ自身が水爆実験の被害を受けた

138

からだという設定がこの映画ではなされています。登場人物の1人である古生物学者山根博士によれば、ゴジラは、「おそらく海底の洞窟にでも潜んでいて、彼らだけの生存を全うして今日まで生き長らえておった。それが度重なる水爆実験によって彼らの生活環境を完全に破壊された」、つまり「あの水爆の被害を受けたために、安住の地を追い出されたと見られる」のです。実際、「ゴジラに付着していた〔略〕砂の中に水爆の放射能を多量に発見することができ」、ゆえに「ゴジラも相当量の水爆放射性因子を帯びている」と山根博士は語ります（以下『ゴジラ』中のセリフについては、2014年に東宝から発売されたDVDの字幕を使用）。そして、放射能によって異常に巨大化しケロイド状となったゴジラは、放射性白熱光線であたりを焼き尽くしていきます。そのため、山根博士の娘恵美子の恋人である尾形はストレートに次のように言います。「ゴジラこそ我々日本人の上に今なお覆いかぶさっている水爆そのものではありませんか」。

　水爆への言及は主要登場人物を通してなされるだけではありません。電車の中で男女が交わす会話の中にも、水爆実験による一般市民への影響が表れています。女性が言います。「いやね、原子マグロだ、放射能雨だ、そのうえ今度はゴジラと来たわ」。ブラボー水爆実験は、第五福竜丸の乗組員に多大なる被害をもたらしただけでなく、船が水揚げしたマグロをはじめとする魚類からも高濃度の放射能が検出されるという結果を生みます。しかしそれが判明したころにはマグロはすでに市場に出回っていたため、国民はパニック状態となり、以降太平洋上で捕れたマグロは「原爆マグロ」「原子マグロ」と呼ばれ、魚介類の売上は極度に落ち込むことになりました。実際、当時太平洋上で操業していた多くの漁船がブラボー水爆実験により被曝し、水揚げした魚類からも放射性物質が検出されたため、この年の12月までに大量の魚が廃棄処分されることになってしまったのです。さらに5月頃から放射能を含んだ雨、いわゆる「放射能雨」が降るようになり、国民の不安はさらに高まっていきます。（川崎昭一郎）。このことに言及したのがこの女性の言葉なのです。

　『ゴジラ』と水爆実験との関係で忘れてはならないのは、映画の最後での山根博士の独白です。芹澤博士（科学者であり、恵美子の婚約者）の発明したオキシジェン・デストロイヤーがゴジラに効力を発揮し、ゴジラは息絶えるのですが、その後山根博士は「あのゴジラが最後の一匹だとは思えない。もし水爆実験が

続けて行われるとしたら，あのゴジラの同類がまた世界のどこかに現れて来るかもしれない」とつぶやきます。この言葉は，アメリカとソ連が競うように原水爆実験を行っていた当時の世相と，その結果起こりうる，そして実際に起こってしまった被害への警告を如実に表していると言えるでしょう。直接的な反核メッセージではありませんが，観客にゴジラの出自の意味を再度問いかけ，現実社会の問題を見詰め直すよう促す意味深い言葉となっています。

2.3 『ゴジラ』における記憶の再現②——第2次世界大戦

　『ゴジラ』が再現している記憶として次に挙げられるのは戦争の記憶ですが，その中でも特に際立つのが原爆投下の記憶です。まず，巨大化しケロイド状になったゴジラの体。そして子どもがガイガーカウンターを向けられる場面。さらに前述の，電車の中で登場した女性による「せっかく長崎の原爆から命拾いしてきた，大切な体なんだもの」という言葉。この女性は，きわめてマイナーな登場人物でありながら，「原子マグロ」「放射能雨」といった言及に続けて長崎を持ち出すことで，日本が度重なる核の犠牲となっていることを観客に強く想起させる役割を担っています。そしてここに挙げた場面はすべて，原爆の犠牲者という意味において戦争の記憶を蘇らせているのです。同時に，放射能を含む白熱光線を吐くゴジラはまさに原爆そのものであり，加害者という役割を担い，私たちのもとに襲い掛かるのです。

　またこの映画は，原爆以外の戦争の記憶も甦らせています。ゴジラによって破壊された東京の街は，東京大空襲を彷彿とさせており，前述の電車の中のシーンでは，

　「そろそろ疎開先でも探すとするかな」

　「また疎開か。全くいやだな」

という会話が展開します。そしてゴジラ襲撃の際避難をする人々の姿は，かつての疎開の記憶と重なります。また，ゴジラが襲った東京の街角では，身を寄せ合った母子が映し出され，「もうすぐお父ちゃまの所へ行くのよ」という言葉を母が発します。ここでは，父親がなぜ亡くなったのかという説明は一切ないにもかかわらず，それまでにちりばめられた戦争のモチーフにより，観客のおそらく誰もが，彼は戦争の犠牲となったのだろうと考えるようなコンテクス

トとなっています。さらに芹澤の怪我については，「戦争さえなかったらあんなひどい傷を受けずに済んだはずなんだ」という尾形の言葉で，彼が負傷兵，あるいは空襲などの犠牲となったことがうかがわれます。

　このような記憶を再現しているほかに，『ゴジラ』は，原爆を創り出しそれを使用した「悪」なる科学への批判も盛り込んでいます。それは決してあからさまな批判ではなく，あくまでも芹澤に象徴される「善」なる科学の強調によるものです。例えば，芹澤は実験の過程で偶然発見したオキシジェン・デストロイヤーについて，次のようなことを言います。

　「あまりの威力に我ながらゾッとした。2～3日は食事も喉を通らなかった」
　「もしも兵器として使用されたならば，それこそ水爆と同じように人類を破滅に導くかもしれません」
　「しかし僕は必ずこのオキシジェンデストロイヤーを社会のために役立つようにしてみせます。それまでは絶対に発表しません」
　「もしもこのまま何らかの形で使用することを強制されたとしたら，僕は僕の死と共にこの研究を消滅させてしまう決心なんです」
　「原爆対原爆，水爆対水爆，そのうえ更にこの新しい恐怖の武器を人類の上に加えることは科学者として，いや一個の人間として許すわけにはいかない」
　「人間というものは弱いもんだよ。一切の書類を焼いたとしても俺の頭の中には残っている。俺が死なない限りどんなことで再び使用する立場に追い込まれないと誰が断言できる。あぁ，こんなものさえ作らなきゃ」
　「これだけは絶対に悪魔の手には渡してならない設計図なんだ」
恐ろしいものを創り出してしまった科学者の苦悩とモラルが芹澤のこうしたセリフの中に表れているのです。しかし，アメリカの科学者たちは原爆を創り出し，トリニティ実験でその威力を目の当たりにしながらも，広島，長崎への原爆投下への道を踏み留まらせることはありませんでした。科学者として，未知なるものを追求したいという欲求は当然なことであり，そういった意味で核兵器の開発も偉業と言えるのでしょうが，それが実際に人類に使用されたらどうなるのか，その後の世界はどうなっていくのか，それを思いめぐらす想像力を持って科学に向き合わねばならないということを芹澤博士は私たちに示してくれているのではないでしょうか。

第8講　2つのゴジラ映画に見る記憶の再現と操作　　141

2.4 『ゴジラ』における記憶の操作

　これまで見てきたように，『ゴジラ』は，水爆実験や戦争の記憶を再現しています。では，この映画ではどのような記憶の操作が行われているのでしょうか。戦争の記憶という面で言えば，これまで見てきたものは，被害者，犠牲者としての日本・日本国民という点が強調されていました。例えば，東京大空襲や原爆に焦点を当てた戦争の記憶の再現。戦争で傷を負った者としての芹澤の設定。そして，原水爆の体現としてのゴジラに襲われる日本。こうした点が強調されることで，侵略者，加害者としての日本の姿が抑制されてしまっているのです。つまり，戦争の記憶を再現しているとはいえ，そこには日本の背負う負の記憶は隠蔽されていることになります。

　次に重要な点は，様々な批評家が指摘しているように，この映画には「アメリカ」という存在が一切登場しないということです。実際には，原爆投下を行ったのはアメリカであり，ビキニ環礁での水爆実験を行ったのもアメリカ，そして戦後日本はアメリカの統治下にあり，主権回復後もアメリカ軍は日本各地に駐留を続けているにもかかわらず，映画にはアメリカという言葉はもとより，アメリカ軍やアメリカ人の姿は一切登場していないのです。例えば，ゴジラの存在を公表するかどうかでもめる国会の場面で，非公表派の議員が，「あのゴジラなる代物が水爆の実験が生んだ落とし子であるなどという〔略〕そんなことを発表したらただでさえうるさい国際問題が一体どうなるか」と述べます。ここで言う国際問題とは明らかにアメリカとの関係を指し示しているのですが，アメリカという名指しは一切避けています。ではこのアメリカの不在は何を意味するのでしょうか。

　もしゴジラと対峙するのが日本の海上保安庁で，アメリカ軍の姿が一切そこにないとすれば，そして芹澤の英雄的犠牲によって最終的にゴジラを打倒するのならば，さらに原水爆実験＝アメリカをゴジラが体現しているとすれば，アメリカの不在は，日本の敗戦の記憶の書き換えを意味していると言うことができます。また，ゴジラが原爆を想起させるものだとしたら，そのゴジラを倒すオキシジェン・デストロイヤーは，すなわち原爆に勝るものであり，それを日本の科学者が発明したというシナリオは，科学技術的にもアメリカに勝る日本の姿を暗示させます。そして，この恐ろしい武器を悪用されないために自らを

抹殺する芹澤の崇高な精神は，原爆を使用したアメリカへの批判と，道徳・倫理的に優れた日本の精神を打ち出してもいます。しかし，こうした形で『ゴジラ』が展開しているものは，勝者アメリカと敗者日本の立場を逆転させ，日本の力を誇示しようとするナショナリスティックなナラティヴ（物語）ではなく，むしろ，敗戦という事実に向き合わなければならなかった人々にカタルシスをもたらしうるナラティヴと言えます。映画のラストシーンでは，ゴジラの最期を船上から見届けた人々が，海に向かって深く敬礼する姿が映し出されます。そのバックには，ゴジラが東京を襲撃した翌日，少女たちが犠牲者を悼み，平和への祈りをこめて歌ったレクイエムのメロディが流れます。そこにあるのは勝利の歓喜ではなく，人類のために命を捧げた芹澤に対する深い哀悼です。そして，自分の命をもってゴジラに立ち向かう芹澤の姿は神風特攻隊の姿と重なり，観客は哀悼の場を共有します。何のために若者たちは尊い命を犠牲にしなければならなかったのか——その問いを抱えながら戦後の日々を過ごしてきた人々にとって，芹澤の死は1つの答えを与えてくれます。そして戦争での若者たちの死は無駄ではなかったという癒しのナラティヴを提供してくれるのです。

　アメリカの不在は，さらに違った意味でも敗戦という喪失の記憶に対処する日本の姿を現しています。それは，戦中戦後で180度転換した日米関係に対するものです。戦中は敵国だったアメリカですが，戦後は同盟国となり，戦後の日本の復興には欠かせない存在となっていきます。アメリカの支援を受けるためにアメリカとの協調が必要な日本にとってだけでなく，冷戦に備えて日本の協力が必要であるアメリカにとっても，戦中の敵対関係という記憶は抑圧すべきものだったのです。『ゴジラ』がたとえ戦争の記憶を想起させる材料をちりばめていたとしても，アメリカと戦い，アメリカに原爆投下をされ敗戦を迎えたという過去は葬り去らなければならず，ゆえに敵としてのアメリカ，加害者としてのアメリカは見せてはならなかったのです。さらに，戦後日本はポツダム宣言を受けてGHQの支配下に入りますが，そこでの実権は総司令官であるマッカーサー以下アメリカが担うことになります。そしてそのGHQの統治下では，日本はアメリカの手の中に委ねられており，抗う術もなかったという現実があるだけでなく，サンフランシスコ講和条約調印以降も沖縄や奄美はアメリカの支配下にあり，本土でもアメリカ軍は駐留を続けていたのですが，その

ような支配者としてのアメリカという存在も想起させたくはなかったのです。ゴジラの襲撃によって甦る戦争の記憶の中で、アメリカを不在にさせることによって、戦争と否応なく結びつく、敵、加害者、支配者としてのアメリカの姿は隠蔽されます。そしてそれによって、同盟国としてのアメリカの存在が守られていくことになるのです。

　同盟国としてのアメリカの存在を強調している要素として、映画の中での皇居の不在が挙げられます (Yoshikuni Igarashi)。ゴジラは芝浦から上陸し、銀座へと進み、国会議事堂を破壊し、上野、浅草を経て隅田川を下り、勝鬨橋を破壊して東京湾へと戻っていきます。しかし、その経路に当然入っているはずの皇居は一切登場せず、ゴジラは皇居を大きく迂回する形で移動しています。もちろん、皇居が破壊されるなどという場面はタブーであったがゆえに、ゴジラの襲撃経路はこのようなものになったのでしょうが、ここにはアメリカによる日本の庇護が象徴されているのです。戦時中、皇居も空爆の被害は受けたとはいえ、主要攻撃目標にされていなかったということだけでなく、戦後天皇制の維持に貢献したという意味においてです。ポツダム宣言受諾の際、日本が国体護持の条件をつけた通り、敗れてなお日本は天皇制の維持を主張していました。連合国側からは天皇を戦犯とする声が高まり、アメリカ国内でも天皇の戦争責任の追及について意見が割れる中、マッカーサーは天皇制を擁護し、憲法改正の折には、天皇を象徴とすることによって天皇制を守り、それによって日本からの反発を避けたのです (半藤一利)。このように、たとえ象徴となったとはいえ、アメリカによって日本の国体は維持されたわけで、ゆえに原爆、水爆を体現したゴジラ、つまりアメリカを体現したゴジラが皇居を避けたということは、アメリカの日本への擁護を示していると言えるのです。

　これまで見てきたように、『ゴジラ』におけるアメリカの不在は、「敵国」から「同盟国」へと急転換した日米関係を象徴していると共に、戦後日本の回復には欠かせない存在としてのアメリカ、日本の根幹をなす天皇制を守ったアメリカという側面を提示しているといえます。その意味で、作品中のアメリカの不在は、戦争による喪失の記憶だけでなく、その喪失に対処しなければならなかった国家がアメリカの庇護のもと歩んだ道をも映し出しているのです。

144

3 『怪獣王ゴジラ』を考える

3.1 『怪獣王ゴジラ』による記憶の隠蔽

　ではその『ゴジラ』が，アメリカで公開されるにあたって『怪獣王ゴジラ』へと改変された中で，オリジナル版で見られた記憶の表象はどのような形となって表れているのでしょうか。『怪獣王ゴジラ』は，1956年にアメリカで公開され大ヒットを飛ばし，以降ヨーロッパや南米でも公開されていきます。監督，脚本はテリー・モース，新たにレイモンド・バー演じるスティーヴ・マーティンというアメリカの新聞記者を主役として投じ，オリジナルをカットしたり新たなシーンを付け加えたりなどの編集を加えたものになっています。新たな主役の投入というだけでも大きな書き換えなのですが，具体的にはどのような改変が加えられており，それがどのような意味を持っているのかをここでは考えていきたいと思います。

　書き換えられた点としてまず言えることは，水爆への言及，原爆の示唆が最低限に抑えられているということです。ゴジラについて山根博士が国会で説明を行う際，オリジナル版では，海底に生存していたゴジラが，「度重なる水爆実験」により生活環境が完全に破壊され，「水爆の被害を受けたために，安住の地を追い出された」ことや，「ゴジラも相当量の水爆放射性因子を帯びている」ことを語りますが，アメリカ版では，「足跡に残った放射能を分析すると，水爆から発生するストロンチウム90が見つかり，ゴジラの復活は度重なる水爆実験の所産かと思われます」(以下『怪獣王ゴジラ』中のセリフについては，2005年に東宝から発売されたGodzilla Final Boxに収められたDVDの字幕を使用) というように変化しています。水爆実験には言及しているものの，ゴジラが水爆によって「復活」したとしか言っておらず，水爆の「被害」を受けたというセリフはカットされているのです。つまり，水爆が生物に脅威をもたらすものだという事実が回避されているわけです。

　また，山根は，ゴジラを殺すのではなく研究すべきだと主張しているのですが，その理由について，オリジナル版では，「水爆の洗礼を受けながらもなおかつ生命を保っているゴジラを何をもって抹殺しようというのですか。〔略〕まずあの不思議な生命力を研究することこそ第一の急務です」と語っています。

これはゴジラが初めて東京を襲ったのち，対策本部でゴジラ抹殺のための策を問われた際の言葉ですが，その後山根は同様のことを尾形に対しても繰り返します。直接的な言及はなされていないものの，山根が原爆で多くの人々が犠牲になったことを踏まえて，水爆の被害から生き延びる術を探ろうとしていることが読み取れます。しかしアメリカ版では，対策本部での山根の言葉は英語に吹き替えられておらず，途中からマーティンの案内役である岩永が山根の言葉を要約する形になっています。しかも，肝心の言葉は訳されておらず，大戸島に調査に行くべきだと言っている，という説明だけに留められているのです。そして，尾形との場面は完全にカットされ，その代わりに，山根が「間違っとる。殺すべきじゃない。研究できたのに」と独り言をつぶやく場面が挿入されるだけとなり，彼が研究にこだわる理由が不明のままとなっているのです。

　さらに，尾形の言葉，「ゴジラこそ我々日本人の上に今なお覆いかぶさっている水爆そのものではありませんか」も，原子マグロや放射能雨への言及も，ゴジラと水爆との関係を外交問題にからめている議員の発言もカットされています。そして，ピーター・ミュソッフが指摘しているように，マーティンは，ゴジラによる東京の破壊を「未知の力」によるものだと語ります。しかしゴジラは決して「未知の力」などではなく，水爆の生んだ破壊力なのであり，そうしたオリジナル版のメッセージはこのマーティンの言葉により隠蔽されているのです。

　最も重要な場面としては，映画のラストシーンが挙げられます。「あのゴジラが最後の一匹だとは思えない。もし水爆実験が続けて行われるとしたら，あのゴジラの同類がまた世界のどこかに現れて来るかもしれない」という独白でオリジナル版『ゴジラ』は幕を閉じますが，アメリカ版では，マーティンの「脅威は去った。偉大な男も。そして地球は救われた」というナレーションで終わります。山根の独白に込められた，現実社会で行われている，終わりが見えない水爆実験への批判がまったく姿を消しているのです。アメリカやソ連が競うように水爆実験を行っていたという事実も，それにより人類や動植物，環境に多大なる被害を及ぼしているという事実も覆い隠され，1人の男の英雄的犠牲によって世界が救われたという楽観的なエンディングにすり替えられてしまっているのです。

また，水爆実験のみならず，戦争を想起させる言葉もアメリカ版では抑えられています。例えば，疎開や長崎への言及はカットされ，死を待つ母子の場面では，日本語音声のみしか聞こえないため，外国の視聴者にはその言葉は伝わりません。黒い眼帯をかけている芹澤の，その負傷の原因もアメリカ版では触れられていません。敗戦という記憶，原爆投下という記憶を背負った日本の痛みは，アメリカ版からは見えてこないようになっているのです。

さらに，『ゴジラ』では鮮明に描かれていた芹澤の苦悩も，アメリカ版では極度に抑えられています。『ゴジラ』では，彼の苦悩は，恵美子との会話の中で，直接彼の肉声で語られており，その言葉の重みは強く観客に伝わってきます。ところが，アメリカ版ではそれが恵美子の声を通して語られます。それは，恵美子がマーティンと尾形にオキシジェン・デストロイヤーの威力を見せられた時のことを話す場面なのですが，「抑止作用のある物が発明されるまで決して公表しない」と芹澤が話していたと，恵美子は淡々とした声で語るのです。また，オキシジェン・デストロイヤー使用の最終的な決断も，葛藤の末芹澤自身が下したというよりは，尾形に急かされて決断するという形を取っています。さらに，映画の中盤で，恵美子と尾形，芹澤の関係について，「その三角関係があとで多くの人命に重大な意味を持とうとは……」というマーティンのナレーションが入るシーンがあります。これを挿入することによって，芹澤の決断は，科学者，そして人間としての苦悩の末のものというよりは，恋に破れたゆえというニュアンスが強められる結果ももたらしています。同様に，芹澤の実験の秘密を，ゴジラ襲撃に際して話すべきかどうか迷う恵美子の葛藤もアメリカ版では軽く扱われており，病院でマーティンと尾形にいとも簡単に話し始めてしまうというような書き換えが起こっています。

3.2　スティーヴ・マーティンの役割

では，『ゴジラ』とそのアメリカ版の最大の違いとも言える，アメリカ人の新聞記者スティーヴ・マーティンの投入について考えてみましょう。彼が主役として介入することでどのような変化が起こっているのでしょうか。ここでは4つのポイントに分けて考えていきますが，これらすべてが戦後の日米関係を顕著に表したものとなっています。

第8講　2つのゴジラ映画に見る記憶の再現と操作　　147

最初に，マーティンを主役として配置することによって，日本の危機に介入できる／介入を請われるアメリカの姿が映し出されることになります。マーティンが日本に到着すると，空港で海上保安庁へと同行を求められます。そこで海上保安庁の岩永に，飛行機の中で何か妙なことに気づかなかったかを聞かれるのですが（ちょうど彼が機上にいたころ，海上では日本船が閃光を浴び，破壊される事件が起こっていたという設定です），何も気づかなかったというマーティンが逆に何を追っているのかという質問を投げかけると，岩永は，公表すべきか分からないとしながらも，船が沈んだという事件をあっさりと外国人である彼に話し始めるのです。しかも，マーティンが新聞記者だと名乗った後で，です。そして，状況が知りたいと言うマーティンを，この事件を探っている南海汽船の対策室へと案内するのです。以降マーティンは岩永に連れられ，国会へも入り，大戸島への調査にも同行するなど，常にこの事件への介入をし，介入を請われることになります。また，オキシジェン・デストロイヤーをゴジラに対して使用するよう芹澤を説得すべきだと恵美子を後押しするのはマーティンであることも重要です。ゴジラ襲撃という日本の危機に，このように彼は介入を請われるとともに介入できる立場にあるのです。

　次に挙げられる点は，マーティンを通して，痛みを分かち合う存在としてのアメリカが浮かび上がるということです。マーティンもゴジラ襲撃によって負傷するのですが，『ゴジラ』が日本船の沈没の場面で始まるのに対し，アメリカ版では，映画はがれきの下敷きとなったマーティンのショットから始まります。このように，犠牲者としてのマーティンを強調することで，単なる傍観者としてではなく，痛みを分かち合いながら危機を共に乗り越えようとするアメリカ像が見えてくることになります。

　3点目は，マーティンが新聞記者であり，語り手として存在することで，客観的に見守る／見守ることができる存在としてのアメリカが描かれているということです。ゴジラが東京を襲撃する場面では，日本人アナウンサーが，彼のいるテレビ塔にゴジラが迫る直前まで実況中継を続け，「いよいよ最後。さようなら，皆さん，さようなら」という声とともにテレビ塔もろとも倒されていくシーンがありますが，アメリカ版では，その中継の様子は画面に映し出されるものの，やはり声の吹き替えはなされておらず，彼の声は観客には届きませ

ん。その代わりマーティンは，ゴジラが迫りくる中ジャーナリストとしての職務を全うすべく，皆が避難を始めても1人最後までゴジラを見詰め，レポートを続けます。そして「もうだめだ。東京からS.マーティン記」という言葉を残した後，ゴジラによって破壊される建物の下敷きとなってしまうのです。混乱の中最後まで状況を見守り，自らが犠牲になりながらもそれを伝えようとする新聞記者マーティンの姿には，戦後の社会情勢を見極め，中立的な立場で世界を導いていくことのできる力を持つアメリカが象徴されているのです。

4点目は，マーティンが投入されることで，女性化された日本が強調され，それによって日米関係におけるアメリカの主導権が強調されるということです。大戸島に調査団が派遣された際，ゴジラが初めてその姿を表します。それを目にした島民たちや，マーティン，恵美子たち調査団は逃げまどうのですが，その際岩永が転倒する場面が映し出され，その直後に恵美子が転倒する場面に切り替わります。そして，恵美子はすぐに尾形に抱き起され，その直後に岩永がマーティンに抱き起される場面が映し出されます。つまり，恵美子と岩永のポジション，尾形

写真1　転倒する岩永

写真2　岩永を助けるマーティン

第8講　2つのゴジラ映画に見る記憶の再現と操作　　149

写真3　転倒する恵美子

写真4　恵美子を助ける尾形

とマーティンのポジションそれぞれが同一視されているのです。か弱い女性は力強い男性に救われるという構図が，そのまま日本とアメリカという構図に当てはまるわけです。『ゴジラ』におけるアメリカの不在の中に，敵国から同盟国へと移り変わった日米関係が示唆されていることは前述しましたが，同盟国といっても同等の立場ではなく，主導権はあくまでもアメリカにあり，日本はアメリカの庇護のもとにいるのだということがここで強調されることになるのです。

4　3.11と2つのゴジラ映画

4.1　2つのゴジラ映画とナラティヴの同化

　これまで見てきたように，『怪獣王ゴジラ』は，原爆投下や原水爆実験といった負の記憶を抑圧することで，『ゴジラ』を通して日本の製作者たちが訴えようとした反核のメッセージを封じ込め，同時に，戦後の日米関係において，アメリカが日本を庇護し，導く存在であることを，スティーヴ・マーティンを

通して表象していることが分かります。つまり，アメリカの提示するナラティヴに『ゴジラ』は同化させられてしまったのです。しかし，ここで重要なことは，その同化は実は『ゴジラ』の中でもすでに起こっているということです。確かに『ゴジラ』は原水爆に対する批判を打ち出しており，それにより原爆を投下し，核実験を行い続けているアメリカへの批判が見て取れるのですが，その一方で，アメリカの存在を作品中から消したことにより，図らずも『ゴジラ』は，アメリカにより救われた日本というナラティヴを浮かび上がらせてしまうことになったのです。そのナラティヴとは，遡れば原爆投下はそれ以上の犠牲を防ぐために必要なものだったというアメリカ側の主張と重なってしまうもので，敗戦があったからこそ戦後の日本の繁栄があったとする考えにもつながっていきます。そして日本によるそうしたナラティヴの受容は，アメリカにとって好ましいものだっただけでなく，戦後の復興を遂げるとともに，同盟国としての位置づけを確立し，国際社会への復帰を果たさなければならなかった日本にとっても必要なものだったのです。

4.2　原発とナラティヴの同化

　ゴジラ映画で表象された，日本によるアメリカの提示するナラティヴの受容は，実は日本での原発事業推進の影にも見て取ることができます。1946年，アメリカはクロスロード作戦に成功し，核軍事力を高めていきますが，ソ連も1949年に原爆実験，53年に水爆実験に成功し，米ソ両国による核実験が過熱します。さらにイギリスが52年に，フランスが60年に核実験を実施，世界的に核軍事開発が進められていきます。そんな中，アメリカの第34代大統領アイゼンハワーが，1953年の国連総会で原子力の非軍事的利用を訴える演説をします。ここでアイゼンハワーは，アメリカの核軍事力が強化されていることを認めた上で，今後世界的な核の拡散は避けられないとし，軍事目的の核の削減や廃絶を進めていくと同時に，核を国際的に管理し，「農業や医療，その他の平和的活動のニーズのために応用」すべきだということを主張したのです。一見この演説は，核の軍事利用がもたらす脅威に対して，核の平和利用を打ち立て，核によって世界の発展を目指すというポジティヴなメッセージを送っているように見えます。しかしそこには，非核保有国への核軍事開発拡散を抑止

し，ソ連の核開発促進を牽制するという意図があり，それは詰まるところ当時先頭をきっていたアメリカの核軍事力を拡大し，軍事的優位性を維持することにつながっているのです。それを実証するように，アメリカはこの後1000回以上にも上る核実験を実施し続けます。そして，原爆投下や原水爆実験による被害を隠蔽する上で，核の「平和的利用」，「善」なる核というナラティヴを押し出すのです。つまり，核の「平和利用」は，核の「軍事利用」推進の隠れ蓑と言えるでしょう。ゆえに，この2者は決して二項対立では語れないのです。

　そしてアメリカは，「同盟国」である日本での核の平和利用を推進します。ピーター・カズニックによれば，原子力委員会の委員トーマス・マレーは，「広島と長崎の記憶が鮮明なうちに，日本に原子力発電所を作ることは劇的でキリスト教徒的な行為であり，こうすることで我々は広島，長崎の惨劇の記憶を乗り越えることが出来るであろう」と語ったといいます。広島，長崎での原爆投下という歴史を抱える日本だからこそ，核をエネルギーとして利用し日本の発展につなげていくことで，負の記憶を浄化しよう，というのです。そうしたアメリカの動きに呼応し，1954年3月2日，中曽根康弘らにより原子炉築造の予算案が提出され，その2日後これが衆議院本会議で可決されます。水爆実験ブラボーにより第五福竜丸が被曝したのが3月1日であることを考えると，核開発推進派にとっては実にタイミングの良い流れでした。というのも，第五福竜丸事件が報道されたのが16日で，世論はまだ反核へと動いてはいなかったからです（田中利幸他）。

　第五福竜丸事件後，原水爆禁止運動が高まっていくのですが，それでも核の「平和利用」が推進された背景には，当時の読売新聞社主・正力松太郎の力がありました。正力は自らのメディア機関を利用して「平和利用」のアピールを図るだけでなく，1955年11月には読売新聞主催の原子力平和利用博覧会を東京で開催します。第1回原水爆禁止世界大会が開催されたおよそ3カ月後のことです。原子力平和利用博覧会は以降57年8月にかけて全国11カ所で開催されますが，それは原発のみならず，医療，農業，工業などの各方面でいかに原子力が人類のために活用できるかを示した内容となっていました。そして56年6月から7月にかけて，広島でも開催され，会場には平和記念資料館と平和記念館が使用されました。広島での博覧会は多くの入場者を集め，1日の入場

者数では，当時の人口が広島の10倍だった大阪での最高1万449名を抜く記録となったといいます。そして，開会式では被爆者である渡辺市長が「原子力の破壊力を身をもって体験した広島市において〔略〕建設的な平和利用のための博覧会が開催されることはいろいろな意味でまことに意義深い」と述べ，中曽根は「広島の人は世界に向って最も原子力平和利用を叫ぶ権利がある」というメッセージを送っています（同上）。まさにマレー／アメリカの思惑通り，被爆・被曝国だからこそ平和利用の魅力を最大限に訴えることができ，また多くの人々もそれに賛同していくことになるのです。こうして戦後の復興の真っ只中にあった日本にとって，原子力の持つ平和的エネルギーは不可欠なものとして位置づけられていきます。そして，核の平和利用と軍事利用はまったくの別物であるだけでなく，平和利用の推進が核の軍事利用を抑止する，あるいは平和利用によって核のもたらした負の遺産を埋め合わせることができるかのような錯覚が人々の中に起こっていくのです。

4.3　虚構から現実を見つめる

　2つのゴジラ映画に表象された，アメリカの提示するナラティヴへの同化は，このような形で原発推進の影にも潜んでいるのです。初代『ゴジラ』が反原水爆のメッセージを送りつつ，ナラティヴの同化をも体現していることは先に述べましたが，それ以降のゴジラシリーズでは，反核のメッセージさえ薄らぎ，ゴジラは怪獣と戦って人類を助ける救世主になっていきます。当時期待されていた娯楽性を追求した結果だということももちろんありますが，核の平和利用の波に乗って原発推進が進んでいくにつれ，ゴジラがより親しみやすく，善なるものへ変わっていったことは，アメリカのナラティヴを受容し，アメリカとより足並みを揃えていこうとする日本の姿を映し出していると言えるでしょう。

　私たちは今，原発にどのように向き合っていくべきかを考える必要に迫られていますが，そのためには，目の前に提示されている問題だけを見詰めるのではなく，改めて歴史を振り返り，どのような経緯で日本に原発が生まれ，どのような意識が日本を動かしてきたのかも見定めなければなりません。そもそも世界で唯一の被爆国である日本が，なぜ原発を受け入れてきたのか。今後日本は国としてどのような政策を取ろうとしており，そこにはどのような力が働い

ているのか。そういったことを踏まえた上で，現在を見詰め，さらには未来という時空を想像しながら，どのような取り組みをしたいのかを熟考する必要があるでしょう。次講では，「トランス・サイエンス（trans-science）」という言葉が提示され，原発をめぐる問題はまさにこの「科学なしでは解けないが，科学だけでは解けない」領域にあることが示されますが，この言葉に倣って言うならば，本講で促しているのは「トランス・"ファクツ"（trans-"facts"）」という姿勢だと言えるかもしれません。状況を理解し，そこから何をすべきかを考えていくために，「事実」を知る必要はありますが，「事実（として提示されたもの）」を見るだけでは答えが得られないという意識を持つ必要性があるということです。そのために，ゴジラ映画のような虚構の世界に見えてくるものを見直してみることも必要なのではないでしょうか。

　2014年，初代『ゴジラ』生誕から60年を迎えましたが，その間日本だけでなくハリウッドでも2つのゴジラ映画が製作されました。1998年のローランド・エメリッヒ監督作品，そして2014年に公開されたギャレス・エドワーズ監督作品。さらに東宝は，2016年公開に向けて新たなゴジラ映画を製作することを発表しています。これらの作品にはどのような形で記憶が再現されているのでしょうか。特にエドワーズ監督による*Godzilla*には，東日本大震災や原発事故といった現実が織り込まれています。そこからポスト3.11を生きる私たちは何を読み取ることができるのでしょうか。トランス・"ファクツ"，トランス・サイエンスという視点でぜひ考えてみてください。そしてそこから読み取ったものや，そこで養った思考力，想像力を携えて，現実を見つめ直し，低線量被曝や放射性廃棄物のような世代を超えて考えなければならない問題にどう対処すればよいのか考えてみましょう。

参考文献

『ゴジラ』監督：本多猪四郎，出演：志村喬・河内桃子・宝田明・平田昭彦，東宝，
　　1954年

『怪獣王ゴジラ』監督：本多猪四郎／テリー・モース，出演：志村喬／河内桃子／
　　宝田明／平田昭彦／レイモンド・バー，エンバシー・ピクチャーズ／東宝，
　　1957年

Godzilla，監督：ローランド・エメリッヒ，出演：マシュー・ブロデリック／ジャン・レノ，トライスター・ピクチャーズ／東宝，1998 年

Godzilla，監督：ギャレス・エドワーズ，出演：アーロン・テイラー＝ジョンソン／渡辺謙，ワーナー・ブラザーズ／東宝，2014 年

加藤典洋『さようなら，ゴジラたち——戦後から遠く離れて——』岩波書店，2010 年

河井智康『核実験は何をもたらすか』新日本出版社，1998 年

川崎昭一郎『第五福竜丸』岩波ブックレット，2004 年

川村湊『原発と原爆——「核」の戦後精神史——』河出ブックス，2011 年

佐藤健志『震災ゴジラ！』星雲社，2013 年

高橋敏夫『ゴジラが来る夜に——「思想としての怪獣」の 40 年——』廣済堂，1993 年

竹内博「『ゴジラ』の誕生」竹内博・山本眞吾編『円谷英二の映像世界〔完全・増補版〕』実業之日本社，2001 年

武田徹『私たちはこうして「原発大国」を選んだ〔増補版「核」論〕』中央公論新社，2011 年

田中利幸，ピーター・カズニック『原発とヒロシマ——「原子力平和利用」の真相——』岩波書店，2011 年

田中友幸『ゴジラ・デイズ——ゴジラ映画 40 年史——』集英社，1993 年

田中文雄『神（ゴジラ）を放った男——映画製作者・田中友幸とその時代——』キネマ旬報社，1993 年

中日新聞社会部『日米同盟と原発——隠された核の戦後史——』東京新聞出版局，2013 年

原田実『怪獣のいる精神史——フランケンシュタインからゴジラまで——』風塵社，1995 年

半藤一利『昭和史：戦後篇 1945-1989』平凡社ライブラリー，2009 年

山口理『ゴジラ誕生物語』文研出版，2013 年

吉岡斉『新版 原子力の社会史——その日本的展開——』朝日新聞出版，2011 年

Igarashi, Yoshikuni. *Bodies of Memory: Narratives of War in Postwar Japanese Culture, 1945-1970*. Princeton: Princeton UP, 2000.

［コラム］ 東京都市大生が見た被災地
──学生でもできること，つながりとは？──

　2011年3月11日に起きた東日本大震災は東京にもその被害を及ぼし，都内の交通網が麻痺するという事態が起きた。当時，東京都市大学1年生であった私も，その被害を受けた1人であり，サークル活動で大学にいた時に地震の被害にあった。その日は電車がすべて止まってしまった。しかし，運良く友人宅にお世話になることができ，何とか一晩を過ごすことができた。友人宅では電気も通じていたため，ニュースを見たのだが，目を疑った。海からの津波が町を飲み込んでいた。何が起きていたのかさっぱり分からなかったが，大変なことが起きてしまったと思い，画面を見ていた。その日はそれで寝てしまったがこの時，私の頭には震災のことがしっかりと刻みつけられた。

　震災後，春休みが終わり，新学期が始まると授業が忙しくなり震災のことを考えることができなかったが，11月に東北にボランティアに行く機会があった。私が参加したのは岩手県遠野市に拠点を置くNPO法人遠野まごころネットの活動だった。

　現地に到着し，震災から半年以上が経つ沿岸部を目にしたが，言葉を失った。防波堤が壊れ，家は基礎しか残っていなく，残っているものは鉄骨むき出しの建物。震災から半年以上経ち，私が震災というものに本当に触れた時だった。このボランティアは3泊4日と短い時間だったが，被災地復興に自分の力を活かしたいという気持ちと自分は何のためにいまの勉強をしているのか？　ということを考えさせられた。

　その後，大学に戻り2012年2月に，友人から等々力キャンパス内で被災地ボランティアのツアーを募集していたことを知った。この時，大学で被災地ボランティア企画を行いたいという想いを抱いた。さっそく，親交のあった等々力祭実行委員会の友人に話を聞くことと，等々力の学生支援センターからボランティアの企画書をいただいた。実際に等々力での話を聞いた時に，都市大でもこのような活動ができるのだと直感し，学生が被災地に直接足を運び，現地を肌で感じ，多くの人がボランティアを通じて東北復興支援となるイベントを実行したいと考えた。これが被災地支援ボランティア「TAKE ACTION！」（以下，TA）を開催するきっかけとなった。

　TAの企画では，私の声掛けで大学の上部特殊団体の友人や学生団体連合会，等々力祭運営委員会の友人などがメンバーとして集まり，計8名で企画を練っていった。このメンバーと企画を詰めていく中で，自身の中で3つ重点を置いたことがあった。1つ目に被災地のことを目と肌で感じるということ。2つ目に学生が被災地に行くことを考え，極力お金をかけず，多くの人に参加してもらうこと。3つ目に今の自分の専攻が活きる場面について考えてほしいということ。これらを軸に企画を詰めていった。

　1〜2週間に1度会議を行い，企画を詰めていく中で，現地で活動している団体にお世話になることが決まった。この方が現地の方のニーズに沿えると考えたからである。当時，

写真1　ボランティア活動の現場

　私やメンバーが持っていた情報を合わせて会議を重ねた結果，私が2011年11月にお世話になった遠野まごころネットにお世話になるということに話がまとまった。現地の事を多く知ってもらいたいという思いもあり，現地の視察も日程の中に盛り込んだ。結果として，大型バス1台で移動を行い，8月31日～9月3日の3泊4日で日程を組み，1日目は移動日，2日目，3日目をボランティアの活動日，最終日を東京への帰路で沿岸部を視察するという日程を組んだ。これらを企画書にまとめて，世田谷キャンパスの学生支援センターに毎日のように足を運び，企画書をやり取りし，提出を行った。これにより，TAは大学公認の企画として開催されることになった。
　TAでの移動のバスは東京都市大学総合グラウンドのバスを利用させてもらうことになった。総合グラウンドでも長距離での利用は前例がなかったが，様々な配慮をしていただき，利用させていただいた。参加者の募集は世田谷，等々力，横浜の3キャンパスで行った。これにより，スタッフを含まず，約30名の参加者を集めることができた。
　参加者も集まり，企画当日を迎えた。大学の教室で出発式を行い，参加者の荷物を積んだ先行車（ハイエース1台）と都市大総合グラウンド所有のバスの計2台で岩手県遠野市に向けて出発した。移動時間は朝に出発し，夕方には到着したので8時間ほどであった。宿舎は遠野まごころネットからお話をいただき，遠野市にある公民館をお借りすることができた。これは遠野市の方々がボランティアに来る団体などのために貸し出しをしてくれたものである。遠野市の方々には感謝の気持ちを忘れることができない。その日は夜に会議を行い，翌日の予定の確認，反省を行って就寝した。
　2日目は朝6時起床，7時半には遠野まごころネットさんの拠点に移動した。遠野まごころネットでは毎朝バスを用意して遠野市から沿岸部まで参加者を送っている。今回はこ

のバスに私たちが合流して，一般の参加者とともに活動場所の釜石市鵜住居地区に移動した。活動内容は津波で流された一軒家の草むしり，がれきの撤去であった。約テニスコート1面分の敷地に埋まった細かいがれきを手作業で回収，集積場までがれきを運び，分別作業を行った。1日の流れは7時半に遠野出発，9時に現地到着，活動開始。休憩をはさみ，14時半には片付けを行い，17時には遠野に戻る流れである。そのため，1日中活動を行うというわけではなかった。活動は約40名の学生で行ったが，がれきの量もあり，なかなか片付けが進まなかった。お昼休憩には活動場所から見える範囲にある鵜住居地区防災センターを見学した。この防災センターは震災当日多くの人が避難していたが，津波が襲い，多くの人が亡くなってしまった。いまでは建物の中には何も残されておらず，建物だけがある。参加者は真剣な眼差しで防災センターを見学し，誰もがその光景を目に焼きつけようとしているように見えた。午後から活動を再開したが，見学後の活動はより熱が入っていたように感じる。1日の片付けでがれきの山が1つできるほどのがれきを回収することができた。活動終了後は道具の片付けを行い，遠野に戻った。その日の反省会では1日目よりも多くの意見が飛び交い，とても有意義な反省会であった。

　3日目以降は2つに班を分け，鵜住居地区のがれき撤去を引き続き行うことと，施設で現地の子どもたちと遊ぶ班を編成した。どちらの活動についても考えることが多かったと参加者は話しをしていた。4日目は現地視察と東京への帰還も兼ねて，岩手県遠野市から沿岸部に出てから海沿いを南下して，宮城県南三陸町にある震災遺構，防災対策庁舎跡を見学した。移動する途中にも宮城県気仙沼市鹿折地区にあった，海から750mも陸側に流された第18共徳丸を見学した。最終日の視察でも参加者には震災を肌で感じてもらえたかと思う。これらの活動を終えて，無事に第1回TAKE ACTION！は終了した。

　イベントを終了後は企画の報告書作成，報告会の実施，学園祭への活動展示の実施を行った。参加者へのアンケートから全日程通しての満足度は70〜80％と満足度は高かった。参加者の声を見ると，「現地のことを肌で感じることができ，とても良かった」というものや，「大学生活を変えるために本企画に参加した」，「これからも復興支援に関わっていきたい」，「参加して良かった」という声が多数あった。企画立案から実施まで至った私からすると，本企画の目的は達成できたと感じた。

　いままでTAの企画について書かせてもらったが，この企画は多くの人に助けてもらって成り立ったものである。学生支援センターの職員の方々，資金提供をしていただいた後援会の皆様，総合グラウンドの方々，また自分と一緒にこの企画を考えてくれたスタッフ。多くの人がこの企画に尽力したからこそ成り立った企画である。感謝，という言葉しかない。この企画は自分の中ではつながりの大切さを実感した企画であった。

　震災以降，助け合いの大切さ，コミュニティの大切さなど，人とのつながりがピックアップされ，論じられてきた。だがその大切さを感じている人はどれほどいるのだろうか？東日本大震災のことを考えるとともに，いま一度「つながり」というものについて考えてみてはいかがだろうか。**（大谷広樹）**

第9講

低線量被曝と高レベル放射性廃棄物の倫理

山本　史華

1　はじめに

　前講は，虚構の娯楽映画である『ゴジラ』にも社会や時代の価値が反映されていることを緻密に分析したもので，とても興味深い内容でした。特に「核の「平和利用」は，核の「軍事利用」推進の隠れ蓑」であり，両者は「決して二項対立では語れない」ばかりでなく，「平和利用によって核のもたらした負の遺産を埋め合わせることができるかのような錯覚」を引き起こしてきたという話は，正鵠を射た指摘のように思います。「虚構か現実か」「平和か軍事か」のように私たちは物事を区別することで前に進もうとしますが，逆に，区別することで見えなくなってしまうものもあるのだということに気づかされます。

　ところで，生物の自然発生説を否定したことで知られるルイ・パスツール(1822-95)は「科学には国境はないが，科学者には祖国がある」という印象深い言葉を遺しましたが，考えてみると，「科学か社会か」「理系か文系か」といった区別も安易なものです。科学者だから社会に無縁でいられるわけではありませんし，反対に，文系だからといって科学に無関心でいていいということにもならないでしょう。物事の区別をする前に，その区別がはたして妥当なのかということを，本講では，3.11の原発事故に即して考えてみましょう。

159

2 災害と社会

2.1 地震・津波と原発事故

　東日本大震災を人々がどのように受け止めたのかを考える上で，興味深い世論調査があります（『科学』Vol. 83 No. 12, 2013年）。今回の災害は，地震，津波，そして原発事故が重なった複合災害ですが，「3つの災害のうち，どれが最も深刻だと思うか」と，震災後，4回にわたり定期的に調査をしてみたのです。すると，4回の調査の平均値で地震だと答えた人は約17.2%，津波が約22.9%であるのに対し，原発災事故を選んだ人は約59.4%と圧倒的に多いことが分かりました。この調査を行った広瀬弘忠は，以上を踏まえて「東日本大震災は原発災害だったと見られていることがわかる」と述べています。

　調査には，続きの質問があります。「あなたは福島第一原発事故の現状について，どうお感じですか」の質問をしたところ，2013年8月の調査時点で「完全に終息した」と答えた人は0.4%，「ほとんど終息した」は4.4%にすぎません。一方，「ほとんど終息していない」は43.3%，「全く終息していない」は51.3%にも上り，この2つの回答だけで9割を超えます。つまり，原発事故に関してはいまだに災害が進行中だと捉える人が多く，それが「原発災害としての東日本大震災」という認識の一因になっているようです。

　この世論調査の結果は，特に不思議なものではないでしょう。3.11後の日本社会を見渡せば，原発に対するアレルギーは，俗に「風評被害」と呼ばれるものまで含めて考えると，社会のいたるところで垣間見られますから，この世論調査は時代のエートス（持続的な規範・価値観）に適切な形を与えた結果になっています。

　ところが，ここで立ち止まって考えなければならないのは，次のことです。地震・津波が原因の死亡者数が，1万9074人（2014年9月1日現在，消防庁災害対策本部）なのに対し，原発事故ないしは放射性物質が直接の原因で死亡した人はいまだ1人も確認されていないということ，このことです。もっとも，震災関連死の死者数は3194人（2014年9月30日現在，復興庁）もおり，この中には，原発事故が引きがねとなり死亡した人も多数いるでしょうから，安易にゼロとは言い切れません。それに，事故や放射性物質が原因で死亡したと科学的に証

明するのはかなり困難です。ただ，そういった事情を差し引いたとしても，地震・津波と原発事故を死者数の観点だけで比較すれば，どちらの被害がより深刻かは歴然としているのです。

　誤解を避けるために付け加えておきますが，災害の規模や深刻さは，死者数だけでは測れません。負傷者数，遺族の悲嘆，地場産業の崩壊，経済的損失や日本社会の信頼の失墜など，深刻さを評価する上で重要な事項は山ほどありますし，またそれらの空間的・時間的な広がりを視野に入れなければ，被害の全体像は浮かび上がりません。被害の深刻さは，そういった複眼的で総合的な観点で語られるべきです。ただ，行方不明者も合わせれば2万人にも及ぶ命が失われながら，地震や津波よりも「原発災害が最も深刻」と考える人の方が圧倒的に多いという調査結果が出ているのです。これはどうしてなのでしょうか。この問題に真摯に向き合うことなしに，ポスト3.11の倫理はありえない，と私は思っています。

2.2　人災と天災の区別は有効か

　あまりにも衝撃的な体験をすると，人は往々にして言葉を失うものです。「語る」ことは，語り手と対象との間に一定の距離を必要としますから，対象に圧倒されている限り，言葉は出てきません。被災地で3.11のことをあまり語りたがらない被災者が多いのも，まだ3.11が生々しい傷＝体験であり続けているからでしょう。人は，しかし，語ることで，少しずつ平静さや日常を取り戻していけます。ですから，言葉を生業とする者は，被災者に代わってでも，3.11のことを積極的に語らなければならないでしょう。

　3.11後，それを語る書籍が巷間に溢れました。国内だけではなく，海外でもです。それらを比較すると，どうも海外の方が事態を深刻に受け止めている印象を受けます。日本ではまず耳にしない「カタストロフィー（破局）」という言葉が多用されているからです。

　ジャン＝リュック・ナンシー（1940-　）というフランスの哲学者がいます。彼は心臓移植を受けたことでも有名なのですが，そのナンシーが「破局の等価性（l'équivalence des catastrophes）」という指摘をしました（『フクシマの後で――破局・技術・民主主義――』）。ここで言われている「破局（catastrophes）」は，複

第9講　低線量被曝と高レベル放射性廃棄物の倫理　　161

数形で表現されていることに注意してください。要するに，人類の歴史を振り返ると「破局」と呼ばれる出来事が複数あったが，それらはどのようなものであれ，限度を超えると互いに似てきてしまう，つまり，等価になるというわけです。引用してみましょう。

「破局の「等価性」ということが言わんとしているのは，今やどのような災厄も，拡散し増殖すると，その顛末が，核の危険が範例的にさらけ出しているものの刻印を帯びているということである」（同上）。

ナンシーの頭の中では，広島・長崎の惨状と今回の地震・津波そして原発の惨状が重なっています。これはある意味暴論で，きっと拒否反応を示す人も多いことでしょう。というのも私たちは，普段，人為的に引き起こされた人災に対しては責任を問うことができるが，自然が引き起こした天災に対しては誰も責任は問えず，それは諦念とともにただ受け容れていくしかない，と両者を区別しているからです。両者を一緒くたにしてしまえば責任は霧消してしまい，誰も責任を問われない，無責任な社会になってしまう，そう感じています。おそらく原発事故を地震・津波よりも深刻だとする態度にもこのことは反映されています。原発事故は人為的なものだからそれを起こした東電などの責任は問えるが，地震・津波の場合は自然災害だから諦めるしかない，と。だから直接的な死者は出ていないが，責任を問える原発事故をより深刻だと捉えるのではないでしょうか。

ところが，この人災と天災の区別は，はたして現代において有効なのでしょうか。そこにナンシーは疑問を呈するわけです。

言うまでもなく，科学技術は人為的なものの最たるものですが，それは現代においては地球規模で社会の隅々にまで行き渡っています。私たちはその影響下で暮らしており，まったき自然の中で生きてはいません。ですから，極端な言い方を敢えてすれば，ダーウィンの進化論で有名なガラパゴス諸島でさえ，今となっては温暖化した地球の中にありますし，さらに人工的な化学物質や放射性物質は地球を循環し次第に濃縮されていきますから，ガラパゴスに棲息するフィンチ類だけが人為的なものから逃れられるという道理，つまり，自然選択により進化するという保証はないはずです。自然はもはや自然ではないのです。

162

津波による災害もそうです。それは単なる自然が引き起こした災害だと言い切れるほど単純なものではありません。防波堤，建築物の構造，日頃の避難訓練や減災教育，自治組織のあり方，避難情報の伝達方法など，様々な人為的なものが津波に対抗するためにつくられていました。三陸海岸が津波に何度も襲われていることを地域住民は周知し，その対策を幾重にも立てていたのです。にもかかわらず，それらがまるでドミノ倒しのように崩れていった結果が，今回の災害です。

　と，このように考えてくると，ナンシーの指摘は正鵠を射たもののように思われます。純粋な人災や天災はもはやありえない，それが現代なのではないでしょうか。

　以上のような指摘をしたのは，ナンシーだけではありません。「天災は忘れた頃にやってくる」という箴言を残した寺田寅彦（1878-1935）は，「文明が進めば進むほど天然の暴威による災害がその激烈の度を増す」（『天災と国防』）とまで述べています。常識的に考えれば，文明は自然をコントロールするような方向で進むわけですから，文明が進めば進むほど被害は抑えられていくはずです。しかし，逆に災害は大きくなる，と寺田は予言しました。そして実際にそうなっているのです。文明が進むということは，それだけ人為的なものが関与する領域が増えることを意味しますから，文明が進めば進むほど，天災は人災化していくのかもしれません。

2.3　他者なき災害？

　1986年の4月26日，チェルノブイリ原発事故が起きました。まさしくこれも「破局」の1つですが，事故の直後に上梓された『危険社会』（東廉・伊藤美登里訳，法政大学出版局，1998年）の中で，ドイツの社会学者ウルリッヒ・ベック（1944-2015）は，次のようなことを冒頭で述べました。引用します。

　「20世紀は破局的な事件にことかかない。……人間が人間に与えてきた苦悩，困窮，暴力にあっては，いままで例外なく「他者」というカテゴリーが存在していた。……しかし，それはチェルノブイリ以来実質的にはもはや存在しなくなったも同然である。それは「他者」の終焉であり，人間同士が相互に距離を保てるように高度に発展してきた社会の終焉であった。この事実は原子力汚染

の結果はじめてわかったのである」(同上)。

　例えば，戦争。それは敵国を倒すことが目的ですから，そこには必ず敵国という他者が存在します。他の例では，貧困。貧困が起こる一因には，ブルジョアの搾取が関与していますから，そこにもブルジョアという他者がいます。人種差別も，被差別の側にとって差別をする側は他者ですし，植民地にとって宗主国は他者です。このように，従来の社会問題には他者がいつも存在していました。つまり敵が明確だったのです。だから，問題を解決するためには何よりも他者＝敵を倒せばそれでよかったわけです。

　ところがチェルノブイリは従来の破局とは異なる，とベックは感じています。これほど深刻な事故が起きてしまうと，誰もが少なからず被害者になってしまいます。つまり，他者がいなくなるのです。また誰が原因をつくったのかという加害者探しも意味をもたなくなります。事故の惨状に対する責めが個人の能力を超えてしまうからです。そもそも「過つのは人の常 (To err is human)」という言葉がありますが，間違いを起こすことは誰にもあるわけですから，たとえ個人がミスをしても，それをどこかで食い止めるような設計が必要ですし，プラントのどこかに劣化や欠陥があったとしても，それを過酷事故にまで至らせないための制度設計や管理システムがなければならなかったはずなのです。

　福島原発事故のあと，「想定外」という文言が繰り返されました。これは，誰もが被害者になりたがっていることを象徴していた気がします。誰もが被害者の状況では，他者はなく，責任は成立しません。加害者と被害者が相対立するからこそ，両者が向き合う場が裁判所で用意され，そこで主張を戦わせて白黒の決着がつけられ，被害の度合いに応じて加害者には責任を取ることが要請されるわけです。それが従来の責任のイメージです。ところが，ベックが言うように，ひとたびチェルノブイリ級の事故が起きると，責任が成立する土台そのものが吹っ飛んでしまいます。それほど現代の破局はスケールが大きいのです。そして，その暴威による災害は，いみじくも寺田寅彦が指摘したように，その激烈の度を増しているのです。いったいどうすればよいのでしょうか。

　もしかしたら，事は原発だけに限られないのかもしれません。現代の科学技術は，いつしか，責任という言葉を遥かに超えるところまで行き着いているのかもしれません。ならば，責任の行方はどうなるのでしょう。責任はなくなっ

164

てしまうのでしょうか。そういった倫理的観点からポスト3.11の現状を見直してみる必要がありそうです。

3　科学的合理性と社会的合理性

3.1　科学技術の専門家とその限界

　科学技術に携わる者は，専門家です。専門家になるためには，教育機関などで長期にわたって一定の訓練を受け，特別な技能と知識を身につけなければなりません。その育成過程で不適格と判断されれば，専門家にはなれないのですから，誰もがなれる職業ではありません。西洋で伝統的な専門職と言えば，医師，法律家，聖職者を指しますが，これらがプロフェッション（profession）と呼ばれるのは，同じ専門職仲間に対して自分が専門的知識・技能を修得したことを証明し，仲間として参入するための誓いを立てる（profess）からだと言われています。専門家は，なるのは大変ですが，一度技能や知識を身につければ，いわゆる「プロ」として世間から認められ，同じプロ同士で組織化された団体に属し，高い報酬を得ることができます。その団体は自治権を有し，たいていの場合，「ヒポクラテスの誓い」のような倫理綱領を設け，それによって内部を統制しています。

　科学と技術が結びつき，科学技術の専門家が生まれたのは20世紀のことでした。伝統的な専門職と比べれば，その歴史は浅いわけですが，科学技術は短期間で長足の進歩を遂げ，信頼を勝ち取ってきました。飛行機や宇宙ロケット，テレビやパソコンそしてインターネットなどはいずれも20世紀に開発され普及したものですが，それらは私たちの生活に新たな豊かさをもたらしました。一方で，化学兵器と核兵器が使われた2つの世界大戦を振り返れば分かるように，科学技術は人類を一瞬で破滅させることを現実のものとしたわけです。科学技術は，言わば，圧倒的な影響力を持つ両刃の剣であったわけです。

　科学技術には確かに負の面はあるものの，技術革新によって右肩上がりの豊かさが約束される時代にあっては，そのような負の側面でさえ，いずれ科学技術が解決するだろうという過信が社会の根っこにあったように思います。両刃の剣を使いこなす科学技術の専門家は，素人には理解の及ばない科学的知識を

第9講　低線量被曝と高レベル放射性廃棄物の倫理　165

駆使して，高度な技術的問題を解いていくわけですから，その姿は尊敬に値します。しかし，近年になり，そのような科学技術の専門家でさえも，容易に解決できない問題が噴出してきました。その最たる例が環境問題です。

高度経済成長期の公害と環境問題は似ていますが，大きな違いがあります。いわゆる公害は，発生した地域は限られていますし，原因となる物質が特定可能で，誰に責任を取らせるべきかという帰責主体も明確です。例えば，水俣病で言えば，八代海沿岸の地域で発生し，メチル水銀が原因で，チッソ（会社名）がそれを排出したのですからチッソに責任があるわけです。ところが，環境問題の1つである地球温暖化はどうでしょう。地球全体でそれは発生していますし，原因は二酸化炭素などの温室効果ガスだと言われていますが，「気候変動に関する政府間パネル（IPCC）」の最新の報告書（AR5）でも「人間の影響の可能性が極めて高い（95％以上）」といまだ確率的にしか述べられていません。そのために原因に関しては現在でも異論が多々あります。そして，温暖化の責任を誰に帰すればよいのかについては，犯人だと断定できる主体が存在しないのです。

要するに，科学技術の専門家でもどのように解決するのが最善なのかよく分からない，複雑な難問がたくさん出てきたのです。具体例は，枚挙に暇がありません。ダイオキシンなどの環境ホルモン，狂牛病（BSE），遺伝子組み換え（GM）食品や体細胞クローン牛食品など。これらは，人体への影響に関する確定的なエビデンス（科学的根拠）に欠けるため，長期にわたってこれらを摂取しても安全か，また，安全性の基準をどのレベルに設けるかなどについて，科学者の間でも意見が一致しません。ならば，確たるエビデンスが出揃い科学的に決着がつくまで待てばよいのでしょうか。否，です。おそらく，手をこまねいて待っても，その類の問題は答えが出るとは限りませんし，待つ間に事態はより深刻になりかねないからです。

藤垣裕子は，以上のような状況を「科学的合理性と社会的合理性」というキータームを使って，的確に説明しています。

「科学者や工学者が確実な予測を行えるなら，科学的妥当性に基づいた「科学的合理性」にのっとって，公共の判断もつけられよう。しかし科学者にも予測がつかない問題を公共的に解決しなくてはならないときには，科学的合理性

は使えなくなる。それに代わって，「社会的合理性」というものを公共の合意として作っていかなくてはならない」（『専門知と公共性』東京大学出版会，2003年）。

科学技術の専門家の知識を寄せ集めても解決できないのならば，科学者や技術者はもちろんのこと，それ以外の多種多様な人たちも集めて，そこで社会的な合意事項をつくるべきではないか，というわけです。

3.2　トランス・サイエンス

社会的合理性をつくり上げる試みは，すでに始まっています。その代表的な手法であるコンセンサス会議についてまず簡単に見ておきましょう。

分子生物学や遺伝子工学の発展により，1970年代には遺伝子組み換え技術が可能になりましたが，安易にそれらを応用するとバイオハザードが起こりかねないことから，科学者たちは1975年に，アメリカのカルフォルニア州でいわゆるアシロマ会議を開き，そのリスク封じ込めに関するガイドラインを作成しました。これは科学者たちが科学技術の規制について話し合った会議ですから，科学的合理性をつくる試みだったと言えます。

遺伝子組み換え技術は，しかし，単なる科学技術の範囲内だけで収まる話，要するに科学的合理性だけでどうにかなる話ではありません。害虫がつきにくいように遺伝子組み換えをした農作物が栽培されて，食品として加工されれば，多くの消費者がそれを口にし，体内に取り入れることになりますが，長期的に見てそれが安全かどうかは科学者でもはっきりとは分かりません。あるいは，もはや国民病とまで呼ばれる花粉症対策のために，花粉形成をしにくいスギを遺伝子組み換え技術でつくることも可能ですし，医療では遺伝子組み換え微生物を利用したワクチンも製造できるでしょう。そのようなスギやワクチンの影響を一般市民はまともに受けながら，日々，生活します。だが，これらがどのような晩発的影響を及ぼすかは，よく分からないのです。

と，このように考えてくると，遺伝子組み換え技術の応用には誰一人として無関係ではいられず，科学技術だけの問題ではないことが見て取れるでしょう。つまりそれは社会全体の問題なのです。ならば，科学技術者がその規制やガイドラインを決めればそれでいい話ではなくなってきます。

第9講　低線量被曝と高レベル放射性廃棄物の倫理　167

デンマークは，以上のような流れに対処するため，いち早くアメリカの医療界で行われていた手法を取り入れて，市民も討議に参加しながら社会的合理性を定めるコンセンサス会議を1987年に開きました。その最初のテーマは「産業と農業における遺伝子操作技術」でした。コンセンサス会議は，現在では日本を含めて様々な国で実施されており，その内容も手法も多様になっていますが，共通しているのは，科学技術者だけではなく，社会の様々なステークホルダー（利害関係者）が討議の場につくことです。遺伝子組み換え技術のような複雑な問題は，長期的に見てそれがどのような影響を及ぼすのかを科学的合理性に基づいて決定することはできないかもしれないが，それを踏まえた上で，意見も立場も異なるステークホルダーが集まり，忌憚なく討議し，現時点での落としどころを見つけ出し，それをその社会の合理性として定めていこうというわけです。

　アシロマ会議開催よりもさらに3年前の1972年，実は，以上のような社会的合理性がなければ解けない問題があることにすでに気づいていた科学者がいました。アメリカの著名な核物理学者であるアルヴィン・ワインバーグ（1915-2006）です。ワインバーグは，そのような問題領域を「トランス・サイエンス」と名づけ，「科学なしでは解けないが，科学だけでは解けない問題」だと指摘しました（"Science and Trans-Science" *Minerva*, Vol. 10　No. 2，1972年）。注意してほしいのですが，「サイエンスとトランス・サイエンス」の区別は，伝統的な「事実と価値」の区別に対応するのではありません。あくまでも事実の問題でありながら，また科学の用語で書かれていながらも，科学だけでは解けない問題があることをワインバーグは指摘しているのです。

　ワインバーグは，アメリカのオークリッジ国立研究所の所長を務めた人物です。そのオークリッジ国立研究所は，広島と長崎へ投下された原子爆弾を開発・製造したマンハッタン計画を引き継ぐ研究所です。要するに，原子力をめぐる問題は，コンセンサス会議が実施されるよりもかなり前から，科学技術だけでは解けないことを当の分野の権威が認識していたわけです。実際にワインバーグは，先の論文の中で，トランス・サイエンスの適例として，低線量被曝の問題と過酷な原発事故の問題を挙げています。

　ポスト3.11のいま，この日本で，原発をめぐるトランス・サイエンスの問題

は山ほどあります。世界で起こるマグニチュード6以上の地震の約20％は日本で発生しており，さらに世界の活火山の約7％は日本にありますが，そのような地震・火山多発国に原発をつくることの是非なども，まさしくその一例でしょう。そういった問題すべてが今後日本の社会で討議されていくことを私は望んでいますが，以下では，低線量被曝と高レベル放射性廃棄物について，もしコンセンサス会議が開かれたとしたら，倫理学からは何が提言できるかを考えてみようと思います。

4　低線量被曝の倫理──希釈された危険性をどう扱えばよいのか

4.1　低線量被曝は医学と薬学の問題

　福島第一原発事故によって大気に放出された放射性物質の総出量は，INES評価尺度（国際原子力事象評価尺度）換算で90万テラベクレルである，と東電は発表しました（2012年5月24日）。これは，チェルノブイリ事故の約17％，広島原爆の約1万112倍に相当します。これらの放射性物質が出す放射線量を低減させたり，期間を短縮させたりすることは，核変換技術が実用化されていない現在では不可能ですから，除染という形で放射性物質を集めて，それが移動しないように留めておくしかありません。しかし，ばら撒かれたすべての放射性物質を回収できるわけは毛頭なく，人間の手をすり抜けた放射性物質は，大気，水，ほこりなどとともに循環し，また少しずつ大地に堆積していきますから，除染はキリのない作業のように思われます。まるでシシュポスの神話か賽の河原の現場を見せつけられているかのようです。

　ところで，なぜ除染するかと言えば，放射性物質が長期的に見て人体に悪影響を及ぼすかもしれないからでしょう。まったく健康を害さないならば除染は初めから不要です。だが，影響の有無や程度についての情報は，かなり錯綜しています。例えば，ラドン温泉のように，低線量ならばむしろ人体には好影響をもたらすという放射線ホルミシスの考え方があります。一方で，短時間の高線量被曝よりも長期にわたる低線量被曝の方が生体には危険だとするペトカウ効果という考え方もあります。相反するエビデンス（科学的根拠）が存在しているのです。これは，前節の言葉で言えば，科学的合理性では決められない，す

なわち，科学の専門家でもよく分からない事柄であることを象徴しているでしょう。

　ところで，私は，福島第一原発事故の後，低線量被曝が話題になって以来ずっと，大きな違和感を抱いてきました。というのは，マスコミに登場して，影響の有無を論ずる人たちの多くが医者や薬学者ではなかったからです。仮に事が原子の性質や構造のことであれば，原子物理学者に尋ねればよいでしょう。原発事故の原因についてであれば，プラントの設計をする原子力工学者に訊けばよいわけです。でも，低線量被曝は人体への影響，健康に関することです。ならば，なぜ医者や薬学者がそのことを語らないのでしょうか。「餅は餅屋」の諺に反して，まったく専門外の者が登場して，厚顔にも餅に言及する姿がとても滑稽で，奇妙に映りました。だがこのことはおそらく，マスコミの偏向報道のせいというよりも，臨床研究そのものの限界と日本の医学・薬学の根本的な弱点に関わることなのです。

4.2　臨床研究の方法とその限界

　まず簡単に医学研究がどのように行われているのかを概観しておきましょう。

　医学研究は，最終的には患者の病気を治すことが目的です。人体の構造や機能を単に探究するのが目的ならば，解剖学，生理学，生化学で話は済みます。しかし，そのような理学的知識を基にして，病気の治療を目指す点が，医学が他の科学と異なる点です。どんな薬でも，医療機器でも，あるいは外科的手法でも，それによって治療ができるか否かは，人体で試してみなければ分かりません。ですから，すべての医学研究は，臨床研究を，平たく言えば人体実験を避けて通ることができません。「人体実験」と表現すると，何かイケないことのような印象を受けるかもしれませんが，その実験を経ない方がイケないことなのです。人体実験は，いまでは一般的に「臨床研究」と呼ばれ，被験者への説明と承諾（インフォームド・コンセント）や適切なモニタリングなどの条件を満たさなければできないように厳格に定められています。

　医学研究には臨床研究が不可欠ですが，いきなり人体で試すわけではありません。まず基礎研究から入り，次に臨床研究を行います。例えばiPS細胞を作製するとか，薬の候補物質を探すこと等は基礎研究に入ります。人工的な実験

170

装置のもとで細胞などを使って行われるので，試験管／ガラス管 (vitro) という言葉に象徴させて「イン・ヴィトロ (in vitro) 研究」とも呼ばれます。そのような研究で一定の成果が出ると，今度はiPS細胞からつくった肝細胞をマウスに移植してそれが生着するかどうかを試してみたり，ラットに薬の候補物質を投与して安全で有効かを確かめたりします。実験動物を使う研究も基礎研究に入ります。これは，実際に生体 (vivo) を使って行うので，「イン・ヴィヴォ (in vivo) 研究」とも呼ばれています。

　それらの基礎研究の後に，やっと臨床研究に入るわけですが，人体は細胞や実験動物を使う場合とは異なり，かなりの個体差があります。個体差がある集団を研究対象にする場合は，サンプル数をたくさん集めて実験してみなければならないため，統計学が必要です。一口に統計学と言っても，かなり色々な手法がありますが，基本的に統計学を使う場合は，患者群 (ケース群) だけを調べるのでなく，必ず非患者群 (対照群) を置き，それらを比較します。よく挙げられる例で言えば，肺癌と喫煙習慣に関連性があるか否かの研究は，ある病気 (肺癌) になっている集団 (症例群) となっていない集団 (対照群) とを分け，さらにそれぞれを暴露要因 (喫煙習慣) のある場合とない場合とに分けて，四分割表をつくり，それらを比較することで関連性があるか否かを調べます。こういった手法を用いる研究を「症例対照研究」と呼びます。

　症例対照研究は，すでに肺癌である人とそうでない人を喫煙習慣の有無で比較するわけですから，過去に遡った調査をすることになります。このような方法を採る研究を「後ろ向き研究 (retrospective study)」と言います。それに対して，最初に研究デザインを決め，被験者を振り分けて，現在から未来へ向けて追跡調査をしていく研究は「前向き研究 (prospective study)」と呼ばれます。それぞれに長所と短所はありますが，一般的には，前向き研究の方がそのエビデンス (科学的根拠) のレベルが高いと言われています。

　いま「エビデンスのレベル」と述べましたが，実は，ここが肝要な点です。臨床研究は多種多様なので，そこから得られる結果にも信頼の差がかなりあります。その信頼の度合いは，整理分類されています。**表9-1**を見てください。これは，アメリカの保健福祉省 (DHHS) に属する医療研究・品質機構 (AHRQ) が発表しているエビデンスの分類です。一番上が最も信頼の度合いが高く，下

表9-1　エビデンスの分類（AHCPR）

1a.	ランダム化比較試験（RCT）の**メタアナリシス**から得られたエビデンス
1b.	少なくとも1つ以上の**RCT**から得られたエビデンス
2a.	ランダム化はされていないが，よくデザインされた，少なくとも1つ以上の対照比較研究から得られたエビデンス
2b.	その他のよくデザインされた，少なくとも1つ以上の準実験的研究から得られたエビデンス
3.	比較研究，相関研究，症例研究などのような，よくデザインされた非実験的記述研究から得られたエビデンス
4.	専門委員会の報告や意見，かつ/あるいは，尊敬に値する権威者の臨床経験から得られたエビデンス

になるほど度合いは下がります。「メタアナリシス」が最もエビデンスのレベルが高いわけですが，これは一度出された統計結果をさらに統計処理する方法ですので，この方法を別にすれば，ランダム化比較試験（RCT）の結果が最も信頼できるエビデンスになります。RCTは，もちろん前向き研究です。

　ここでやっと低線量被曝の問題に戻りますが，低線量被曝が人体にどのような影響を及ぼすのかを最も信頼に足る方法で把握したいならば，RCTを実施すればよいのです。そうすれば，放射性ホルミシスが正しいか，ペトカウ効果が正しいかは，決着がつきます。しかし，現実的に，それはできません。なぜできないかと言えば，倫理に反するからです。RCTの詳細な説明は省略しますが，もしそれを行うとなると，長期にわたって低線量の放射線を浴び続ける群とそうでない群とを分けなければなりませんが，そのようなことまでして無理に決着をつけることは倫理的観点からすれば望ましくないのです。

　つまり，低線量被曝に関して言えば，臨床研究を用いて最も正しく知る方法，すなわち，エビデンスの信頼度が最も高いRCTで検証する方法が，初めから閉ざされているわけです。したがって私たちは，低線量被曝がどの程度安全か，あるいは危険かについて，科学的に最も正しい結果を知ることが不可能です。もちろん，広島，長崎，チェルノブイリなどから得られたデータに基づく研究は可能ですし，実際に戦後アメリカのABCC（原爆傷害調査委員会）が広島・長崎で行った調査を根拠にして放射線影響の尺度はつくられているわけですが，

それらは後ろ向き研究であり，対照群を設置していないため，エビデンスの度合いはかなり落ちます。否，度合いが落ちるからこそ，相反するエビデンスが存在して，際限なく討論が続くのです。

　以上を踏まえるなら，医者や薬学者が言論の表舞台に登場して，低線量被曝に関して多言を弄さない理由は，少なくとも2つ考えられるでしょう。1つは，以上のような臨床研究の限界を彼らが熟知しているからです。医学をはじめ，科学は万能ではありません。分からないことはたくさんあります。分からないことについて分かったふりをするのは偽善ですから，自らが専門とする医学の限界に真摯であればあるほど，コメントは控えるという禁欲的な態度を取らざるをえなくなります。限界を知らない門外漢の方がよく喋るわけです。

　第2の理由は，基礎研究と臨床研究とを分けた場合，日本の医学は基礎研究に偏りすぎており，臨床研究が遅れているからです。臨床研究，特に低線量被曝の場合は疫学を専門とする研究者がもっと表舞台に出るべきですが，その絶対数が少ないため，適切なコメントが広まっていきません。この弱点は，低線量被曝へのコメントのみならず，いままさに行われている「福島県民健康調査」の杜撰さにも反映されてしまったように感じられます。

4.3　予防原則で対応可能か

　低線量被曝の安全性については，科学的合理性に基づいて考えても，はっきりと分からないことを確認しました。この事態を哲学者の一ノ瀬正樹は端的に「不可断定性」と表現しています（『放射能問題に立ち向かう哲学』筑摩選書，2013年）。まさしく科学的な正しさを断定できない状況に私たちはいるわけです。だからといって，このまま何もしないでいいわけではありません。むしろ，そのような状況だからこそ積極的に何をすべきなのか議論していかなくてはならないでしょう。それが社会的合理性やトランス・サイエンスの考え方につながります。

　科学的合理性が不明瞭な場合，必ずといって言いほど言及される原則があります。予防原則です。「予防原則」は"Precautionary Principle"の訳ですから，本来ならば「事前警告原則」とした方が適切でしょう。この原則は，1970年代にドイツの「環境法」に記載された「事前配慮原則（Vorsorgeprinzip）」を元

としています。ちょうどワインバーグがトランス・サイエンスを提唱した頃と一致します。予防原則が一躍有名になったのは，1992年にブラジルのリオデジャネイロで開催された国連環境開発会議（地球サミット）でのことでした。会議で採択された「リオ宣言（全27原則）」の中の第15原則に組み入れられたのです。それは次のように書かれています。

「環境を保護するため，予防的対策は，その能力に応じて広く適用されなければならない。深刻な，あるいは不可逆的な被害のおそれがある場合には，科学的確実性の欠如が，環境悪化を防止するための費用対効果の大きな対策を延期する理由として使われてはならない」。

読みにくい文ですが，要は，地球温暖化のような不可逆的で深刻な被害が予測される問題に対しては，科学的確実性がなくても，予防的措置は講じられるべきだということです。従来の考え方からすれば，科学的な確実性，つまり，因果性の証明がはっきりしないのにその対策を打つことは思慮に欠ける行為だったわけですが，そのような確実性（因果性）が出揃うのを待っていたら取り返しのつかなくなることがあります。そのような場合に限っては，事前に対策を打ってよいというのが予防原則です。

この原則は低線量被曝にも立派に適用可能な原則です。低線量被曝については，先に見たように，それが人体へどのような影響を及ぼすのかという科学的確実性は，倫理的観点から欠如せざるをえないわけですが，そのことに関して云々議論しているうちに，甲状腺がん，白血病，心臓病，先天的障碍などの発生率が急上昇するかもしれません。そうなってしまったら遅すぎますので，その前に対策を打つべし，と解釈できるからです。

だが，予防原則も万能ではありません。これは従来の常識に反するために，批判されることも多い原則です。破局について思考し続けてきたフランスの哲学者，ジャン＝ピエール・デュピュイ（1941－　）は，これまでの予防原則批判は，だいたい次の3つの点に向けられている，と説いています（『ありえないことが現実になるとき——賢明な破局論へむけて——』筑摩書房，2012年）。①ゼロリスクを目標として定めていること，②最悪のシナリオを見据えていること，③立証責任の転換を定めていること，この3つです。

以上の3点を，低線量被曝に即して考えてみましょう。次のように予防原則

を批判することが可能です。

① そもそも私たちは自然界における放射線（自然放射線）を受けて生活しており，低線量の被曝をゼロにすることは不可能である。またたとえゼロでなくとも，事故以前と同じ状態に戻すことを目標とすると，除染作業などで莫大な費用がかかってしまうのではないか。

② 最悪，病気が多発したとしても，病気は単一の原因によって起こるほど単純ではない以上，ある病気（甲状腺がんなど）の原因が，事故後の放射線によるかは証明できない。それに，病気（甲状腺がんなど）のどのくらいの発生率をもって異常と見なすのかが不明瞭だ。

③ 一般的に立証責任は，それを訴追する側（例えば「リスクがあるから除染をしろ」と訴える側）にある。ならば，訴えられる側（東電など）が低線量被曝のリスクを証明する必要はない。

これらの批判はそれなりの説得力を持ちますが，そこから何が導き出せるでしょうか。

まず③の問題は「疑わしきは罰せず」の原則に関わる原理的な問題で，論じ始めると長くなるので措いておきます。ここで最低限確認しておきたいのは，過去の責任と未来への責任は異なるということです。低線量被曝で求められる責任は，原発事故を起こしたことへの責任ではありません。これから起こるかもしれないこと（発病）への責任です。ですから，事故の責任は事故の責任として別途追及し，論理的に切り離して考えるべきでしょう。そうすれば，誰がリスクを立証しても構わないはずです。肝要なのは，予測されるリスクをどのように定め，受け入れ，今後誰がどの分野に対しどういった責任を負うのかをあらかじめ決めておくことなのです。さもないと，予防する意味がありません。

と，以上のような視点に立てば，デュピュイが述べる①と②は，言わば，どちらも極論であることが分かります。予防的対策において「ゼロリスク」「最悪のシナリオ」を目指すと，身動きが取れなくなることは明々白々でしょう。ですから，予測の1つとしては極論を想定しつつも，現実的にはそこに至るまでの複数の選択肢を用意しておくことが肝腎なのだと思います。除染には多大なコストが必要ですからその時々の経済・社会情勢とともに段階的に進め，発

病にしても，その発生割合や病気の進行具合に応じて適宜処置できるような融通のあるシステムを用意する必要がありそうです。

そして最も大切なのは，これらの問題は，医者や薬学者が決めればよいことではなく，討議しながら社会全体で決めるべき事柄だということです。

5　高レベル放射性廃棄物の倫理──人は何年先の夢まで見ることが許されるのか

5.1　10万年後の世界を想像してみる

高レベル放射性廃棄物（以下「廃棄物」）の問題は，実を言うと，3.11とは直接関係ありません。しかし，その量はすでにガラス固化体の本数にして2万4800本（2014年4月末現在，NUMO）もありますし，今後原発を稼働させればその数は増えていく上に，最終処分場もいまだに決定されていませんから，ポスト3.11の視点に立てば喫緊の課題と言えます。間違わないでほしいのですが，この処分に関しては，すでにそれがある以上，原発に賛成か反対かに関係なく，どうにかしていかなければならないのです。

問題は色々ありますが，ここで特に考えてみたいのは，映画『100,000年後の安全』（マイケル・マドセン監督，アップリンク，2009年）でも有名になったように，廃棄物が安全になるまでには数万年から数十万年の時間を要することの意味です。10万年という時間を想像してみてください。その長さを実感することは大切なことだと思います。

宇宙が誕生したビッグ・バンは約138億年前，地球が誕生したのは約46億年前，そして生命が誕生したのは約38億年前と言われていますから，さすがに10万年はそれほど昔のことではありません。人類史は約500万‐700万年前から始まると言われ，最古の人類であるアウストラロピテクスは約500万年前に出現したとされています。ホモ・サピエンスの近縁種であるネアンデルタール人は約20万年前に現れて約2万数千年前に絶滅しましたから，いまから10万年前は，ちょうどアンデルタール人が活躍していた時期です。

高校で習う「世界史」では，たいてい以上のことは「先史の時代」として簡単にまとめられ，古代オリエント文明の説明にすぐに移っていきます。メソポタミア文明は紀元前3500年頃から始まり，ピラミッドを築いたエジプト文明

は紀元前3000年頃からですから,「世界史」で取り上げられる約5,000年の時間と比べると,10万年ははるかに昔になります。

いま保存中のガラス固化体は,少なくともあと10万年間の安全性が求められます。「世界史」で扱う約5000年の時間をそのまま未来へ投影すれば想像できるでしょうが,いまから10万年後に,日本という国は確実にないでしょう。歴史上,それだけ存続した国はないからです。いや,国ばかりではありません。ホモ・サピエンスが絶滅している可能性も十分にあります。となれば,その新種に言語でメッセージを残すことは不可能でしょう。まさかUSBメモリに残しても無駄でしょうから,絵画などで伝えるしか術はありませんが,ラスコーやアルタミラの洞穴絵画でさえ約1万5000年前のものにすぎません。

このように考えてくると,まるで絵空事の,笑い話に思えます。が,先に述べたように,すでに廃棄物がある以上,笑っても,泣いても,どうにかしなければならないのです。マドセン監督の先の映画の舞台でもありますが,フィンランドは,オルキルオト島に2004年から世界に先駆けて「オンカロ(隠された場所)」と呼ばれる地層処分場を建設しており,2020年頃から廃棄物の埋蔵が始まる予定です。ただし,フィンランドでは過去300年で起きた最大の地震がマグニチュード4.9らしいので,つい数年前にマグニチュード9.0を体験した国と同列には論じられないでしょう。

5.2 最終処分の科学的合理性と社会的合理性

たったこれだけのことからも,廃棄物処分がトランス・サイエンスの問題であることが分かると思います。それは科学技術の枠を超えた社会全体の課題なのです。いや,人類や文明全体に関わる課題と言った方がいいかもしれません。それを踏まえた上で,廃棄物処分の科学的合理性と社会的合理性について検討してみましょう。

廃棄物は,それが地下水と接触せず,地圧に耐えられるようにするため,ガラス固化体にされた後,鉄製の容器にオーバーパック(密封)されます。それを地震の影響などを受けにくい,地下300m以深の地層で処分する計画ですが,これが本当に科学的合理性を持つのか否かは,残念ながら私では分かりません。

ただ,オーバーパックされた容器の腐食実験はたった1年間しか行われてい

第9講　低線量被曝と高レベル放射性廃棄物の倫理　　177

ないと聞きますし（石橋勝彦編『原発を終わらせる』岩波新書，2011年の中の井野博満の章），日本は地震や火山活動の活発な地盤特性を持つ国ですから，この点に関してはフィンランドに倣うのではなく，独自の方法で慎重に行う必要があるでしょう。ちなみに，2000年に制定された「特定放射性廃棄物の最終処分に関する法律」では，「最終処分」とは「地層処分」のことを意味し，それが前提となって法文が書かれていますが，3.11後，日本学術会議は，これまで当たり前であった地層処分の考え方そのものを抜本的に見直し，次世代に選択の余地を残す，地上での暫定保管と総量管理を柱にした政策枠組みをつくるべきだと提言しています（2012年9月）。

　次に社会的合理性についてはどうでしょう。もう遅いのですが，そもそも廃棄物の最終処分場の見通しが立たないうちに，原発を次々と稼働させていったのはなぜなのでしょうか。近い将来実現されると思われていた核変換技術や核燃料サイクルへの期待があったことは確かでしょう。しかし，期待感だけで原発を始めてしまうのは，「無責任な賭け」であり「疑似宗教的」だ，とドイツの哲学者であるR.シュペーマン（1927- ）は手厳しく批判します。シュペーマンによれば，解決策が見つかるという期待は，「我々の需要とそれを満たす宇宙の用意との間に，予定調和が常に存在する」（『原子力時代の驕り』知泉書館，2012年）という信念にすぎません。人類の歴史は，これまで，何かを望み，それを実現させる形で進んできました。そこにはあたかもあらかじめ定められたかのような調和が見られました。でも，最終処分の話はそのような調和を完全に逸脱しており，望んだとしても実現できない本質を抱えています。

　日本の廃棄物は，日本学術会議の提案通りに，当分は暫定保管の形が取られるかもしれませんが，いずれは最終処分場を決定しなければなりません。だが，それで解決するのは，あくまでも空間的な敷地です。敷地が決まっても問題は終わりません。時間の問題が残されるからです。10万年の間，安全性が保たれることを私たちが望んだとしても，それが満たされるか否かは，10万年経ってみないと分からないことでしょう。にもかかわらず，現世代の需要から原発の必要性が説かれ，廃棄物の量が増えているわけです。私の眼には，何だか国債を発行し続ける，どこかの国の姿とダブって見えます。

5.3　10万年を視野に入れた倫理学はあるのか

　倫理学は，実践哲学です。人の価値観や規範観は何に根差しているのか，また短期的な視点だけではなく，長期的に見て，ある事柄が社会に善をもたらすか否かなどを考察する学問です。その倫理学の観点から廃棄物のことを考えていきましょう。

　次のようなことを言うと，失望されるかもしれませんが，「倫理学に10万年を視野に入れた倫理理論はあるのか」と問うならば，おそらく多くの倫理学者はうつむきながら「ありません」と小声で返答するのではないかと思われます。倫理学の教科書には必ず書いてある，功利主義や義務論の話は基本的に人間の行為についての理論ですし，徳倫理学は習慣的行動，人格，性格に関する理論でしかありません。2000年以上の歴史を誇る哲学・倫理学でさえも，10万年に応えるための手持ちの札がないのです。

　誤解されると困りますので少し補足しておきますが，永遠や無限について考察した倫理ならば幾らでもあります。プラトン（B.C.427-347）のイデア論から始まって，他にもスピノザ（1632-77）やエマニュエル・レヴィナス（1906-95）などはその好例でしょう。しかし永遠・無限と10万年はまったく違います。永遠・無限ならばむしろ話はたやすく，哲学・倫理学には形而上学と呼ばれる分野や神学に近接する分野がありますから，いまでも常にその話題でもちきりです。だが問題は，そういった超越論的な次元の話ではなく，あくまでも形而下の，それも10万年という時間なのです。

　「世代間倫理」はどうでしょう。環境倫理学ではよく持ち出される倫理です。地球温暖化の話は，いまだ存在しない（未来）世代の利益のために現世代が責任を果たさなければ対策は進みませんから，世代を超えた倫理が求められます。ところが，この考え方は，不確実な未来に対し責任が成立するのか，とよく批判もされます。誰だって現世代の方が重要でしょうから，現在を犠牲にして将来を優先させることは簡単ではありません。ただ確かに批判は多いものの，温暖化は現に異常気象を起こしつつあり，その変化を私たちは日常的に肌で実感できますので，世代間倫理は一定の説得力を持っていることも事実です。

　廃棄物の最終処分も，世代間倫理で捉えられなくはないでしょう。「なくはない」と奥歯に物が挟まったような言い方をしたのは，未来世代への想像力が

本当に10万年後まで及ぶものなのか，私自身かなり疑問があるからです。ホモ・サピエンスが絶滅した後に出現した，新種の，見たこともない生物に対して責任を持てと言われても，はたしてどうでしょう。責任を感じられるでしょうか。日本を代表する和辻哲郎（1889-1960）でさえ強調したのは「人間の学としての倫理学」であり，種を超えた倫理学を構築しようとはしていません。「気候変動に関する政府間パネル（IPCC）」が出した報告書（AR5）でさえも，予測は2100年までですので，やはり世代間倫理が説得力を持つのは数世代先までのような気がします。

　そんな中，唯一の例外と言えば，ドイツの哲学者，ハンス・ヨナス（1903-93）でしょう。彼は古くて新しい「責任」という概念について考察を加え，次のように自らの責任原理を定式化しました。

　「汝の行為のもたらす因果的結果が，地球上で真に人間の名に値する生命が永続することと折り合うように，行為せよ」（『責任という原理』東信堂，2010年）。

　「どのような全体的責任であれ，それは，個々の課題がどうあれ，自らの責任履行を超えて，責任ある行為が将来的にも成立可能であり続けるという責任をも必ず持つ」（同上）。

　1つ目の引用は，ヨナスが，カント（1724-1804）の定言命法（無条件に遵守すべきとされる命令形の要請）を意識しながら，自らの原理を定式化したものとして有名です。要は，将来にわたって人間が存続できるようなことのみをすべきであり，人間の滅亡につながるような行為はしてはならないということです。

　2つ目の引用は，同じことを主張していますが，責任原理の内容に踏み込んでいるため，少し解釈が難しくなります。この箇所の最後で言われる「責任」とは，責任が成立することに対する責任ですから，言わばメタ責任です。ヨナスは，廃棄物処理も含めた科学技術文明全体を念頭に置きながら，私たちは，個々に果たされるべき責任に加えて，さらにメタ責任まで果たすべきなのだ，と説きます。話が難解になってきましたが，ヨナスの責任観を参照にしながら，廃棄物処分を検討してみることにしましょう。

5.4　廃棄物処分の責任は成立するか

　まず簡単に「責任」という概念の意味を押さえておきましょう。日本語の

「責任」は「責めを任ずる」と書きます。「責め」には「自分が引き受けねばならないこと，つとめ」といった意味があり，「任ずる」は「引き受けて自分の任務とすること」ですから，両者をまとめれば「つとめを引き受けること」が原義となります。

　それに対してヨナスの考える，ドイツ語の「Verantwortung（責任）」は，日本語とはかなり意味が異なってきます。"Verantwortung"は，代理を意味する"ver"に"antwortung"がついた形で，"Antwort"は応答，返答，返事の意味を持ちますから，哲学・倫理学では「応答すること」とよく訳されます。この用語は元を辿ると法廷用語に行き着くそうです。ヨナスの場合はドイツ語ですが，英語の責任（responsibility）やフランス語の責任（responsabilité）で考えても事情は同じで，どちらにも「応答すること（response, réponse）」の意味が含まれるため，これらも「応答可能性」「応答能力」と訳されます。

　ヨナスは，つまり，現世代が将来世代に応答することが可能であるためには，何が必要なのかを考えているわけです。

　一般的に考えて，責任が履行されるには，(1)誰が，(2)誰（何）に対して，(3)どのようなことをするのか，の3条件が整う必要があります。前節の低線量被曝の責任を引き合いに出してみると，これは私の考える一例ですが，(1)東京電力が，(2)福島県およびその周辺の被災者に対して，(3)健康被害が起きた場合に補償すること，が明確になって初めて，東電は責任を果たしたと言えるわけです。3つがすべて揃うことが重要で，万が一，どれかが1つでも欠けると，責任は履行されません。例えば，「誰が」に当たる東京電力が消滅してしまうと，上記で示した補償は不可能になります。責任を果たすためには，責任主体の同一性や持続性が不可欠なのです。その意味では，低線量被曝の責任を履行するために，東電は存続し続けなければならないわけであり，日本的なハラキリでは責任は果たせません。

　ところでヨナスは，メタ責任についても言及していました。これはどのように捉えればよいのでしょうか。私はこのように考えることができるのではないかと思います。どのような行為についての責任であれ，個々の行為の責任は，以上の3つの条件に何らかの具体的な事柄が代入されている状態です。対してメタ責任とは，責任が成り立つための責任ですから，以上の3つの条件そのも

第9講　低線量被曝と高レベル放射性廃棄物の倫理　　181

のを意味するのではないでしょうか。形式と内容の区別でいえば、メタ責任は形式であり、行為の責任は内容だということです。

喩えてみましょう。裁判所は個々のケースについて、誰が誰に対してどのくらいの責任を果たすべきかを判断します。原告が勝訴する場合もあれば、敗訴する場合もあり、判決内容もケースによってまちまちです。一方で個々の責任が以上のような形で問えるためには、そもそも裁判所という司法の場で、原告、被告、裁判官の3者が互いに主張を交えること自体が社会で認められていなければなりません。それがメタ責任です。形式が整って初めて個々の内容は問えるわけです。その責任の形式を崩すようなことはしてはならないと、ヨナスは考えているわけです。

問題は、廃棄物の責任に関してでした。この問題の核心は何かと言えば、(1) の責任主体（「誰が」）が原理的に不明確な点にあります。つまり、誰が責任を取るのかが理解不可能なために、逆に、誰も責任を取らなくていい形になっていることが最大の問題点なのです。

現在、廃棄物の処分に関する実施主体は原子力発電環境整備機構 (NUMO) ですので、常識的に考えれば、NUMOが責任主体です。でもまだ2000年に成立して十数年しか存続していないこの主体が、10万年後も存続するとは到底考えられません。NUMOは経済産業大臣の認可法人として設立されましたから、最終的には国が責任主体だとも解釈できますが、先ほども述べたように、国は10万年間も存続できないでしょう。ならば、人類全体か、文明全体か、という具合に概念の外延がどんどん拡大していってしまうと、ますます誰が責任を取るべきなのか分からなくなります。要するに、誰も責任を取らずに済んでしまうのです。

5.5 原発の今後と責任の行方

最後に、この講の結論を述べましょう。廃棄物処分は、以上見てきたように、責任履行のための条件を欠いています。つまり、責任が取れない事態を引き起こしています。そのような問題を抱える原子力発電は、やはり、やめるべきだと私は考えます。ただし、原発を始めた責任が現世代にはありますから、即刻廃止は逆に無責任なだけでしょう。10年後でも、20年後でも、何年後でもい

いのですが，まず廃止する時期を決定し，それまでのうちに原発とそれに関わる事業の後始末を徐々に私たちはしていくべきではないでしょうか。大局的な目標さえ示せない政治にもかなり問題があります。

　そして倫理的観点から危惧するのは，事が原発だけに限られないのではないかということなのです。トランス・サイエンスの現代においては，責任主体が不明確な事態が科学技術の進展とともに次々と噴出しています。廃棄物処分の責任問題はたった1つのケースにすぎませんが，これに象徴される事態が積み重なれば，ヨナスが述べたメタ責任，すなわち「責任ある行為が将来的にも成立可能であり続けるという責任」そのものが，いつしか成立できなくなるように感じられます。1億総無責任の完成は間近なのでしょうか。

　もしかしたらいまは，責任をもう一度私たちの手の内に戻しながら社会を作り直すか，それとも，責任という概念以外の別の倫理的概念を構築するかの瀬戸際なのかもしれません。

6　おわりに

　日本語の「倫理学」に対応する英語は「エシックス (ethics)」です。エシックスは，ギリシア語の「エートス (ethos)」に由来し，日本語にはなかなか訳しにくい概念ですが，「ある集団や地域にみられる持続的な価値や規範」を意味します。漠然と覆う時代の空気のように，何だかよく分からず，実につかまえどころがないけれども，確実に，ある地域やある時代を特徴づけているものこそがエートスであり，それに1つひとつ言葉で形を与えていく作業が倫理学の仕事です。ですから，倫理を考えるならば，机上だけではダメで，エートスの現場を知る必要があります。

　ただ，何事でもそうですが，「現場に行けばエートスは分かる」ほど，事態は単純ではありません。でも，「現場に行かなければ分からない」ものがたくさんあることも事実でしょう。東日本大震災から数年が経ち，いま被災地はどうなっているのか，報道されている事柄は現場のエートスを反映しているのか，といったことはおそらく本来は言葉にできないことであり，触れて感じることから始めるしかないことです。

第9講　低線量被曝と高レベル放射性廃棄物の倫理　183

現場に行ってみましょう。様々な立場の人たちが，各々の仕方で現場に関わることが，いま求められているのではないでしょうか。関わり方はまちまちでいいと思います。肝腎なのは，被災地や被災者と何らかの形でコミュニケーションをとり続け，そこに生きる人たちを孤立させないことでしょう。そのような観点に立ちながら，もう一度，第1講を読み直してみてください。現場の息吹が感じられるはずです。そして，自分なりの関わり方を見つけてください。復興は，そこから始まるのだと思います。

読 書 案 内

▶第1講

日本写真家協会編『写真集 生きる──東日本大震災から一年──』新潮社，2012年

　本書では，写真記録で震災を振り返ることができます。薄れがちな記憶が圧倒的な画像によって呼び起こされます。第一部「被災」，第二部「ふるさと」，第三部「生きる」で構成され，本文中の平塚さんに関する一枚もあります。

読売新聞社編『記者は何を見たのか──3.11東日本大震災──』中央公論新社，2011年

　その当時に書かれたものは，重要です。少し時を措き，客観視できるようになって書かれたものとは明らかに違います。良し悪しは別として。忘れられてはいけないことが記録されています。78人の記者が取材時の心情を中心に綴っています。

岩波書店編集部編『3.11を心に刻んで』岩波書店，2012年

　「Ⅰ」では，筆者たちは書籍などから言葉を引き，その言葉に思いを重ねて執筆されています。「Ⅱ」は，同じ筆者たちによるエッセーが綴られています。こういう文章には，それまでのその人の生き方が反映されています。災害後に人はどう生きていくべきなのかを考えるヒントがちりばめられています。

大水敏弘『実証・仮設住宅──東日本大震災の現場から──』学芸出版社，2013年

　災害時における仮設住宅についての資料は意外に少ないものです。本書は，岩手県で仮設住宅建設の陣頭指揮に当たった著者が「混乱や課題を記録して，今後の震災の教訓にしなければ」と考え執筆。特に第3章は，今後の参考となります。

養老孟司・隈研吾『日本人はどう住まうべきか？』日経BP社，2012年

　東日本大震災以前の対談も含まれていますが，被災地復興における「住まい」，そしていつかくる災害を視野に入れ，私たちの「住まい」について考えるためのいくつかの視点を与えてくれます。

▶第2講

日本ドリームプロジェクト編『アスリートの夢』いろは出版，2009年

　日本のトップアスリート26人が夢を書き，詩人きむが言葉を贈ってできた本。夢に向かって諦めない心が感じられる一冊です。

保坂淑子『主将心』実業之日本社，2013年

　高校野球からプロ野球まで長年取材を重ねた著者が，高校野球シーンを中心に知られていないエピソードを交えて，野球だけでなく様々なシーンでも参考になる「キャプテン論」「チームリーダー論」をまとめた一冊です。

野地秩嘉『ＴＯＫＹＯオリンピック物語』小学館，2013年

　1964年「東京」から「ＴＯＫＹＯ」へと世界に戦後からの日本の復興と実力を知らしめた大舞台。この成功によって日本は世界の表舞台に躍り出ました。この成功の裏で苦闘した仕掛け人たちのドラマを克明に描いた一冊です。

▶第3講

ルーシー＆スティーヴン・ホーキング／さくまゆみこ訳『宇宙への秘密の鍵』岩崎書店，2008年

　有名なイギリスの理論物理学者のスティーヴン・ホーキングと娘で作家・ジャーナリストのルーシーが共作した子ども向けのSF小説です。科学的知識はコラムの形で書かれ，宇宙の写真も満載で，大人も楽しむことができます。

渡辺政隆監訳『科学力のためにできること――科学教育の危機を救ったレオン・レーダーマン――』近代科学社，2008年

　私が子どもたちに科学特に物理学を学んでもらいたいと思っていた時期に後押ししてくれた一冊です。3.11以降，私は放射線教育を通して，一般市民の科学基盤の大切さを実感し，改めて本書に立ち返りました。

門田隆将『吉田調書を読み解く――朝日誤報事件と現場の真実――」PHP研究所，2014年

　本書は朝日誤報事件の解明を「吉田調書」の解説を行いながら「真実」を明かすという展開になっているものです。本書は取材を通し，今は亡き吉田氏の人柄に惚れ込んだ作者の心が随所に現れているように思えました。

NHKスペシャル『メルトダウン』取材班『福島第一原発事故　7つの謎』講談社現代新書，2015年

　福島第一原発事故が見えない中，NHK取材班が3年間にわたって取材を続け，その中で浮かび上がった7つの謎を検証した記録です。専門家の中で賛否両論はありますが，工学を学ぶ学生にとって一読の価値はあります。

福島原発事故独立検証委員会『福島原発事故独立検証委員会　調査・検証報告書』ディス
　　カヴァー・トゥエンティワン，2012年

　本書は故北澤宏一先生が委員長の福島原発事故独立検証委員会報告書です。ぜひ読んで
いただき，安全な国づくりのために私たちはこの事故から何を学び，何をしなければなら
ないかを考えてもらいたい一冊です。

▶第4講

小川洋子・河合隼雄『生きることは自分の物語をつくること』新潮文庫，2011年

　河合隼雄氏は著名な臨床心理学者ですが，小川洋子氏との3回目の対談の直前に亡くな
られ，対談としては未完に終わりました。そこに何か不思議なものを感じます。個人的に
はミッドナイト・サイエンスの話がピピッと響きました。

東山紘久『プロカウンセラーの聞く技術』創元社，2000年

　実際のカウンセリング理論に基づいて，普段の人間関係において聞き上手になるための
方法を具体的に述べている本です。しかも単なるテクニックには終わっていないところが
素晴らしいと思います。

植村勝彦・高畠克子・箕口雅博・原裕視・久田満編『よくわかるコミュニティ心理学（や
　　わらかアカデミズム・わかるシリーズ）』ミネルヴァ書房，2006年

　理論と実践をつなぐ心理学としての「コミュニティ心理学」の全貌を理解するための最
適な入門書だと思います。ソーシャル・サポート・ネットワークといった考え方もコミュ
ニティ心理学から出てきたものです。

▶第5講

R. E. ニスベット／村本由紀子訳『木を見る西洋人──森を見る東洋人──』ダイヤモン
　　ド社，2004年

　心理学者である著者が，個人的経験から，学問の大前提「普遍的人間像」を離れ，「地
域によって人間の思考方法は異なるのではないか」という仮説に基づき科学的に検証した
本。一見「そんなの当然」と思えるこの仮説も，西洋的知の伝統の中にいる著者にとって
は，とてつもなく大胆な仮説であることがユーモアを交えて書いてあります。

幸田露伴『努力論』岩波文庫，2011年

　激変する社会の中で，人はどのような決断と行動を取るべきか熱く論す言葉は，現代の
ビジネス書に通じるようでいて，それを超える新鮮さや深遠さがあります。明治の文学者
の文体は漢文調で読みにくいですが，それもまた継承すべき文化として，まずは音読して
みてください。

読書案内　　187

岡本太郎『美しく怒れ』角川 one テーマ 21 新書，2011 年

　私が幼い頃，テレビには「ゲイジュツは爆発だ！」と眼光鋭く息巻いているおじさんがよく登場していました。異様な存在感を放つその人は，20世紀日本を代表する前衛芸術家でした。いまなら，その短いフレーズが，西洋文化を知った上での熟慮と決断に満ちた，それゆえ大らかで開放的な言葉だと分かります。元気が出ます。

白洲次郎『プリンシプルのない日本』新潮文庫，2006 年

　我慢とは，洗練された美にも通じています。ケンブリッジ仕込みのダンディーとして，また日本占領期の毅然とした態度で，彼に関心が寄せられています。そのダンディズムは「やせ我慢」と称されることも。単なる礼賛ではなく，これからのダンディズムのために読んでみてください。

養老孟司『身体の文学史』新潮選書，2010 年

　文学を読む時は脳を使うだけで，身体は関係ないと思いがちですが，解剖学の視点から，文学が身体を抑圧してきた系譜を論じています。日本の現代文化も，想いや妄想や観念に満ちた現象であることを考えると現代的な意義を持ったテーマです。

▶ 第6講

高橋裕『現代日本土木史』彰国社，1990 年

　土木学会副会長経験者であり，河川工学の専門家である著者は，「土木技術者として，土木史の素養を積み，その考え方を練ることが，必須である」との考えから，江戸時代から近代までの土木史を分かりやすく解説しています。

国土政策機構編『国土を創った土木技術者たち』鹿島出版会，2000 年

　現在のわが国の安全と繁栄は，明治以降の社会基盤整備に負うところが大きいことから，そこに活躍された土木技術者たちによる事業や学問的業績，生きざまなどを，高度成長期までに活躍した36人について紹介しています。

広瀬弘忠『きちんと逃げる──災害心理学に学ぶ危機との闘い方──』アスペクト，2011 年

　著者は災害と非難に関する多数の著作があります。本書では，東日本大震災を受けて，災害心理学の見地から，今後の日本が進むべき道を提言しています。

中谷内一也『安全でも，安心できない──信頼をめぐる心理学──』ちくま新書，2008 年

　著者はリスク心理学を専門とし，「なぜ，安全がそのまま安心につながらないのか」を

説明し、「安全と安心の関係はどうなっているのか」という問いへの答えを本書では探っています。

山岸俊男『信頼の構造——心と社会の進化ゲーム——』東京大学出版会，1998年

　著者は「今後の日本社会が、（中略）開かれた機会重視型の社会への転換に成功するかどうかの鍵をにぎっているのは、人々の間に特定の集団や関係の枠を越えた一般的信頼が醸成されるかどうかである」として信頼に関わる種々の実験結果を提示しています。

▶第7講

新保良明監修『古代ローマ人のくらし図鑑』宝島社，2012年

　ローマ人がどのような生活を送っていたのか、どのような社会体制のもとに置かれていたのかを簡潔に示しています。イラストを見ながら、映画『テルマエ・ロマエ』で脚光を浴びた古代ローマ社会の実態と歴史を大づかみできる一冊です。

ロベール・エティエンヌ／弓削達監修『ポンペイ・奇跡の町』〈「知の再発見」双書〉創元社，1991年

　ポンペイに関する書物は数多くありますが、当市の誕生から滅亡、発掘、現在まで知りたいのであれば、最も手頃な一冊です。文庫や新書と異なり、カラー版であることも、嬉しいところです。

本村凌二『古代ポンペイの日常生活』講談社学術文庫，2010年

　ポンペイ市内各所に残されたラテン語の落書き（グラフィティ）を数多く紹介してくれています。この落書きを通して1世紀後半の地方都市生活の実相や断片を垣間見ることが可能であり、実に興味深い一冊です。

ロバート・ハリス／菊地よしみ訳『ポンペイの四日間』ハヤカワ文庫，2005年

　本講で触れた小プリニウスの書簡をベースにしながら、当時の制度に関しても正確に記しており、専門的見地からも完成度が高い小説です。碑文でしか伝わらない人物すら登場させており、ローマ史研究者を驚かせるほどのクォリティを示す一書です。

DVD（映画）『ポンペイ』2014年

　現段階で、ポンペイの街並みや剣闘士競技、戦車競走などの娯楽をイメージするには最適の映画です。CGながら、スペクタクルや滅亡シーンは圧巻ですが、専門的には「それはないだろ」というストーリー展開もあります。でも、そこはご愛敬。ネタバレは避けておきましょう。

読 書 案 内　　189

吉村昭『三陸海岸大津波』文春文庫，2004年

　東北地方の三陸海岸はこれまで何度も津波の被害を受けてきました。ならば，それぞれの被害が次の被害への教訓にならないのはなぜなのでしょうか。この理由について被害状況を津波ごとにドキュメンタリーとして明快に示してくれる好著です。

ヤマザキマリ＆とり・みき『プリニウス』Ⅰ・Ⅱ（以下続巻）新潮社（バンチコミックス），
　　2015年

　本講に登場する『博物誌』で有名な古代ローマの大博物学者プリニウスを主人公にしたマンガ。話は暴君ネロの時代から始まっており，『テルマエ・ロマエ』の著者ヤマザキマリが史実を交えながら，プリニウスの知識欲や古代ローマ事情を描き出しています。現在，連載中。

▶第8講

川村湊『原発と原爆──「核」の戦後精神史──』河出ブックス，2011年

　ゴジラ，アトム，ナウシカ，AKIRAや原発文学といった文化的産物を取り上げ，核が戦後の日本社会でどう捉えられてきたかをポスト3.11の視点に立って論じた書です。

田中利幸，ピーター・カズニック『原発とヒロシマ──「原子力平和利用」の真相──』
　　岩波書店，2011年

　原子力平和利用を打ち出したアメリカの核政策の実態と，その政策のもと，被爆国である日本が戦後原発政策を推進するに至った経緯を綴った書です。広島の被爆者と核の平和利用宣伝工作の関わりについての指摘が興味深いところです。

ピーター・ミュソッフ／小野耕世訳　『ゴジラとは何か』講談社，1998年

　アメリカでゴジラ・ゴジラ映画がどのように受け止められてきたかを政治，社会，文化的背景から読み解いています。『怪獣王ゴジラ』について詳しく考察している数少ない書でもあります。

▶第9講

寺田寅彦『天災と国防』講談社学術文庫，2011年

　一流の物理学者でありながら，漱石門下生でもあった著者が，「正当にこわがることはなかなかむつかしい」との思いを抱きながら，関東大震災などの災害について綴った随筆集です。「日本人を日本人にしたのは実は学校でも文部省でもなくて，神代から今日まで根気よく続けられて来たこの災難教育であったかもしれない」の言葉が印象に残ります。

ジャン＝リュック・ナンシー／渡名喜庸哲訳『フクシマの後で──破局・技術・民主主義
　　──』以文社，2012年

　ある災害は，その災害だけ見ていても，本質は見えてきません。どんな災害でも，マク
ロ的視野に立って，それが起きた社会や歴史の中で捉え直してみる必要があります。ナン
シーの考察を読むと，フクシマの災害は決して偶然ではなかった，と思えてきます。日本
から地理的に離れたフランスという場所での思考が，それを可能にさせたのかもしれませ
ん。

小林傳司『トランス・サイエンスの時代──科学技術と社会をつなぐ──』NTT出版，
　　2007年

　「トランス・サイエンス」の第一人者が，科学技術コミュニケーションについて丁寧に
解説した良書です。本書を読むと，いまだに「啓蒙」という上から目線でしか考えること
のできない科学技術者が多い昨今，真に蒙を啓かなければならないのは科学技術者の方な
のだということがよく分かります。科学技術に携わる，すべての研究者や学生に読んでほ
しい本です。

津田敏秀『医学的根拠とは何か』岩波新書，2013年

　基礎研究に偏る日本の医学研究の中で，疫学を専門とする著者が，いかに臨床データの
統計学的分析が重要であるかを分かりやすく説明していきます。著者は3.11についても積
極的に発言しており，本書でも，多くの人が放射線被曝データの読み方を間違えているこ
とを指摘しながら，本当はどのように捉えるべきなのかを詳細に語っています。

島薗進『つくられた放射線「安全」論──科学が道を踏みはずすとき──』河出書房新社，
　　2013年

　宗教学を研究する著者が，専門の宗教には微塵も言及せずに，放射線に関する歴史的資
料をひも解きながら，いかにして「放射線は安全」という信仰が受容されてきたのかを緻
密に辿った力作です。ある科学が，政治や社会の影響の中で，1つの宗教へと変貌してい
く過程をまざまざと見せつけられる気がします。

おわりに

　読書の仕方というのは，実に様々な様態があって，「あとがき」から最初に
読む，というやり方を好む人もいます。本書は，そういう読み方にぴったりか
もしれません。このあとがきに合理的な何かが書いてあるからという訳ではあ
りません。この本は「終わりが始まり」の本だからです。

　本書の構成から言えば，9つある講義のうち，どこからでも読み始められる
ようになっています。「リレー講義」と題したように，それぞれに異なる研究
領域の研究者たちが，ポスト3.11をテーマに，自分たちの研究から何が発信で
きるのかを考え，そこから，他領域の研究者たちへと問いを投げかける形式を
取りました。

　「はじめに」でも述べられているように，自分たちの研究から，ポスト3.11
を考えるという作業は，そう簡単な作業ではありませんでした。本書の出発点
である東京都市大学共通教育部の授業でも，そこから，文章に練り上げる作業
においても，不確定で流動的な状況に対峙しながら何をどう伝えるべきか，本
書の執筆者たちは，それぞれに葛藤しました。

　そうした年月を経て実感していることは，リレーという形式で綴った本書は，
円形をした中継点の集まりにすぎない，ということです。決して完結した円で
はありません。そうできなかったとも言えますし，そうしなかったというのも
事実です。このリレー講義を，半期科目で3年間にわたって行ってきた中でも，
様々な出会いがあり，新しいリレーの構図が見え始めています。本書では触れ
ることができませんでしたが，東京都市大学の中だけでも，東日本大震災や福
島の問題に関する活動や研究に携わる教員・職員がたくさんいます。直接，お
会いして意見交換の機会に恵まれた場合もあれば，紙面などで知るに留まって
いる場合もあります。いずれの場合も，執筆者たちにとっては，心強く思える出
会いでした。

　また，日本全国や世界に視野を広げれば，もっと数が多いことも言うまでも
ありません。例えば，2013年度には，東京大学生産技術研究所と東京都市大

学との学術連携の一環として，川口健一先生，荻本和彦先生，目黒公郎先生（開催順）に特別講義を行って頂きました。東日本大震災以前からの問題意識に基づいた，骨太な論点を提示していただき，大きな刺激になりました。本書が，いまなお日本や世界で広がっている大きなつながりの中の1つになれるよう，これからが新しいスタートだと思っていますし，学生の皆さんはじめ，これから多くの中継点を見出していけるよう願っています。

　こうした出会いの中でも，故・北澤宏一前学長との出会いは，この企画に大きな力を与えてくれました。北澤先生が東京都市大学に着任されて間もない時期に，編者の山本・杉本で，突然にアポイントメントを取り，学長室に伺った日のことは忘れられません。一般に「民間事故調」と呼ばれる福島原発事故検証委員会の委員長を務められた人物にとにかくお会いしてみたいという気持ちとともに，このリレー講義への講義の依頼，そして，本の出版に向けての相談など，緊張の時間でした。また正直に告白すれば，都市大の片隅でポスト3.11という大テーマに取り組む人間として，学長の協力を仰ぎたいという「戦略的な」行動のつもりだったかもしれません。このゼミナールをどう続けていくか葛藤や悩みを切実に抱えてもいたからです。

　ところが，北澤先生は，私たちの話に黙って耳を傾けた後，静かだけれど力強い声で，シビアな現実意識とともに，未来に向けた大きなビジョンを，何の衒いもなく，しかし明確に提示なさいました。私たちは文字通り度肝を抜かれました。穏やかな笑みと鋭い洞察が混交するその眼差しに，何とも摩訶不思議な凄みを感じました。その迫力の前で，必死に隠し持っていたつもりの，ちっぽけな戦略など，何と稚拙な小芝居であったかと自らを嗤うしかできませんでした。

　「学生に，若者たちに，夢を抱いてほしい」という北澤先生の想いは，とかく悩んでいるとか考えていると言っては，結局いじけているだけという，日本社会にありがちな心性に，色彩豊かで力強いエールを送っているように思えました。「ポスト3.11を考えるゼミナール」での北澤先生の講義は，市民が抱える論点を「なるべく定量的に捉え，それを客観的に議論」することで，「未来を決断していくことができる」という信念の通り，技術面のみならず，経済・社会面にも及ぶ，膨大かつ堅実なデータに裏打ちされたダイナミックな視座か

ら，原子力発電に頼らないエネルギー社会の可能性を提示するものでした（『日本は再生可能エネルギー大国になりうるか』ディスカヴァー・トゥエンティワン，2012年）。そうした北澤先生のまっすぐな想いに励まされながら，この企画を進めてくることができたことは，いま思えば，幸運な出来事であったと思います。

　そして，様々な出会いと幸運を最後に押し上げてくださったのは，編集を担当してくださった萌書房の白石徳浩さんでした。いつも執筆者の迷いや願いに，洒脱なユーモアを交えながら，寄り添ってくださいました。狭い視点に陥りそうな気配を察した時は的確なご助言で，編者は何度救われたかしれません。白石さんの寛大さをもってしても手に余ったであろう編者の迷走をたしなめながら，編集者としての鋭い読みや丁寧な作業によって，本書を世に送り出してくださったことに，心からの感謝を捧げたいと思います。

　2015年3月

杉本　裕代

執筆者紹介 <small>(執筆順, ＊は編者)</small>

＊山本 史華（やまもと ふみか）

　1967年生まれ。東北大学大学院文学研究科博士課程単位取得退学。博士（文学）。現在，東京都市大学共通教育部准教授，放送大学客員准教授。専門は哲学・倫理学。**主要業績**："In Pursuit of an Ethical Principle for Low-dose Radiation Exposure after 3.11," *Journal of Philosophy and Ethics in Health Care and Medicine*, No.8, 2014,『無私と人称──二人称生成の倫理へ──』（東北大学出版会，2006年），『世界を読み解くリテラシー』（共編著：萌書房，2010年）ほか。〔はじめに，第9講〕

岡山 理香（おかやま　りか）

　早稲田大学第一文学部卒業。武蔵野美術大学大学院美術研究科修了。現在，東京都市大学共通教育部准教授。専門は視覚芸術史，特に近代建築史。**主要業績**：『現代芸術論』（共著：武蔵野美術大学出版局，2002年），「建築家仰木魯堂の生涯とその作品について(1)」『東京都市大学共通教育部紀要』第7号（2014年），「東京物語　伊福部昭」『建築東京』第51巻（東京建築士会，2015年）ほか。〔第1講〕

椿原 徹也（つばきはら　てつや）

　1976年生まれ。筑波大学大学院体育研究科修士課程修了。弘前大学大学院医学研究科博士課程修了。博士（医学）。現在，東京都市大学共通教育部准教授。専門はコーチ学・社会医学。**主要業績**："Effects of Soccer Matches on Neutrophil and Lymphocyte Functions in Female University Soccer Players," *Luminescence*, 2012. 02; 28(2): 129-35（共著），"Epidemiological Feature of Gastric Cancer in Japan," *J Phys Fit Nutr Immunol*, 2011. 06；21(2): 61-6（共著），「トップアスリートの健康管理とコンディショニングに対する低反応レベルレーザー応用の可能性について──長距離陸上選手及びプロサッカー選手を例として──」『日本レーザー治療学会誌』2010. 01; 8(2): 90-7（共著）ほか。〔第2講〕

岡田 往子（おかだ　ゆきこ）

　1954年生まれ。日本大学農獣医学部水産学科卒業。千葉大学博士（理学）。専門は放射化学・分析化学。現在，東京都市大学原子力研究所准教授。原子力安全委員会原子炉安全専門審査委員会審査委員，消費者庁消費者教育推進会議委員ほか歴任。また，JA福島や原子力文化財団等の放射線教室にて教育活動に協力。**主要業績**：『分析科学のルネッサンス──問題解決能力を養うカリキュラム改革──』（共著：学会出版センター，2001年）ほか。〔第3講〕

松本 哲男（まつもと　てつお）

　1950年生まれ。武蔵工業大学工学部卒業。工学博士。現在，東京都市大学工学部教授。専門は原子力工学。**主要業績**："Study on Microdocimetry for Boron Neutron Capture Therapy," *Progress in Nuclear Science and Technology*, Vol. 2（共著）（2011年），"Benchmark Analysis of Criticality Experiments in the TRIGA Mark II Using a Continuous Energy Monte Carlo Code MCNP, *Journal of Nuclear Science and Technology*, Vol. 35（共著）（1998年），"Design of Neutron Beams for Boron Neutron Capture Therapy at the Musashi Reactor," *Journal of Nuclear Science and Technology*, Vol. 33（1996年）ほか。〔コラム〕

千田 茂博（せんだ　しげひろ）
1953年生まれ。慶応義塾大学大学院社会学研究科博士課程満期退学。現在，東京都市大学共通教育部准教授。専門は心理学。**主要業績**：『世界を読み解くリテラシー』（共著：萌書房，2010年），『現代の心理学』（共著：金子書房，2003年），『運動表現療法の実際』（共著：星和書店，1998年），『コミュニティ心理学の実際』（共著：新曜社，1984年）ほか。〔**第4講**〕

＊杉本 裕代（すぎもと　ひろよ）
1975年生まれ。筑波大学大学院人文科学研究科単位満了退学。現在，東京都市大学共通教育部専任講師。専門はアメリカ文学・文化。**主要業績**：『文化と社会を読む　批評キーワード辞典』（共著：研究社，2013年），"Sympathy is almost a new thing"──マリー，ウィリアムズ，クリストガウとポピュラーカルチャー──」『レイモンド・ウィリアムズ研究』第4号（2014年），ほか。〔**第5講，おわりに**〕

皆 川　勝（みながわ　まさる）
1955年生まれ。武蔵工業大学大学院工学研究科修士課程修了。工学博士。技術士（建設部門）。現在，東京都市大学工学部教授，大学院工学研究科長。特定非営利活動法人シビルNPO連携プラットフォーム常務理事としてNPOに関わって活動。建設マネジメント，建設情報学，技術者倫理などに関して土木学会を中心に活動。**主要業績**：『インフラ・まちづくりとシビルNPO ──補完から主役の一人へ──』（共著：土木学会，2014年），"Wealth and Potentials as Motor for the Development of World Heritage Site of Preah Vihear and its Region in Cambodia," *Journal of Construction Management and Engineering* (F4)，70 (4) (Co-authorship：Japan Society of Civil Engineers，2014)，「我が国の建設マネジメントの課題に関する社会心理学的な考察」『土木学会論文集F4（建設マネジメント）』68 (4)（共著：土木学会，2012年）ほか。〔**第6講**〕

新 保 良 明（しんぽ　よしあき）
東北大学大学院文学研究科博士前期課程修了。博士（文学）。現在，東京都市大学共通教育部教授，共通教育部長。専門は古代ローマ史。**主要業績**：『ローマ帝国愚帝列伝』（講談社，2000年），『ソシアビリテの歴史的諸相──古典古代と前近代ヨーロッパ──』（共著：南窓社，2008年），エッシェー他『アッティラ大王とフン族──〈神の鞭〉と呼ばれた男──』（訳：講談社，2011年）ほか。〔**第7講・コラム**〕

寺澤由紀子（てらざわ　ゆきこ）
明治大学大学院博士後期課程学位取得。博士（文学）。現在，東京都市大学共通教育部准教授。専門はアメリカ文学，特にアジア系アメリカ文学。**主要業績**：『憑依する過去──アジア系アメリカ文学におけるトラウマ・記憶・再生──』（共著：金星堂，2014年），*Global Perspectives on Asian American Literature*, FLTR Press, 2008（共著），「チカーナボディと境界のポリティクス── Karen Tei Yamashitaの *Tropic of Orange* ──」『アメリカ文学』第68号（日本アメリカ文学会東京支部，2007年）ほか。〔**第8講**〕

大 谷 広 樹（おおたに　ひろき）
1991年生まれ。東京都市大学工学部卒業。在学中より，被災地支援ボランティア「TAKE ACTION！」の立ち上げ・運営に携わり，現在，能美防災㈱に勤務の傍ら，特定非営利活動法人「エコ・リーグ」理事を務める。〔**コラム**〕

リレー講義　ポスト3.11を考える

2015年5月10日　初版第1刷発行

編　者　山本史華・杉本裕代

発行者　白 石 徳 浩

発行所　有限会社 萌 書 房
　　　　〒630-1242　奈良市大柳生町3619-1
　　　　TEL（0742）93-3331／FAX 93-2235
　　　　［URL］http://www3.kcn.ne.jp/~kizasu-s
　　　　振替　00940-7-53629

印刷・製本　共同印刷工業・藤沢製本

©Fumika YAMAMOTO（代表），2015　　　　Printed in Japan

ISBN978-4-86065-092-6